营养豆浆米糊自己做

主编 吴 杰 郭玉华

编著 吴昊天 王 茹 王淑芳

王建国 王桂杰 刘 捷

刘思含 刘淑芝 宋美艳

齐桂荣 马艳华 武淑芬

方志平 郑玉平 张亚军

任弘捷 路春江 韩锡艳

李 松 李 晶

摄影 吴昊天

金盾出版社

内 容 提 要

这是一本专门讲授怎样使用豆浆机、榨汁机等小家电自制豆浆、米糊的大众食谱书。书中为广大家庭精选了200余款既有特色又有营养的豆浆、米糊制品，以简洁的文字配上精美的彩图，对每款制品的原料配比、制作步骤及注意事项，均做了详细的介绍。本书内容新颖，科学实用，图文对照，一学就会，非常适合家庭学习参考。

图书在版编目(CIP)数据

营养豆浆米糊自己做/吴杰，郭玉华主编．—北京 ：金盾出版社，2014．4
ISBN 978-7-5082-9218-2

Ⅰ．①营… Ⅱ．①吴…②郭… Ⅲ．①豆制食品—饮料—制作 Ⅳ．①TS214．2

中国版本图书馆CIP数据核字(2014)第037339号

金盾出版社出版、总发行
北京太平路5号(地铁万寿路站往南)
邮政编码：100036 电话：68214039 83219215
传真：68276683 网址：www.jdcbs.cn
北京凌奇印刷有限责任公司印刷、装订
各地新华书店经销
开本：787×970 1/16 印张：5 彩页：80 字数：40千字
2014年4月第1版第1次印刷
印数：1～6 000册 定价：19.00元

编者的话

近几年来，随着广大群众生活水平的不断提高，以及人们对健康与饮食营养和食品卫生的日益重视，使用豆浆机、榨汁机等在家自制豆浆、米糊、果汁的人越来越多，豆浆机已差不多成了一种家庭必备的小电器。尤其是全自动豆浆机，具有自动煮开豆浆的功能，只需要泡豆（泡米）、加豆（加米）、加水、按键几个简单的步骤，就可以做出香浓可口的豆浆、米糊，既方便快捷，又省钱省力，而且现做现吃，既新鲜又卫生。随着产品的不断更新换代，豆浆机在功能设计上也更加多样化，不但可以打豆浆，还可以打“营养米糊”、“果蔬浓汤”、“果蔬冷饮”，给人们的日常生活提供了极大的方便。

豆类的营养价值非常高，它富含蛋白质，几乎不含胆固醇，是人们摄取蛋白质与钙、锌的最佳来源之一。豆类是惟一能与动物性食物相媲美的高蛋白、低脂肪食品。豆类中的不饱和脂肪酸居多，是防治冠心病、高血压、动脉硬化等疾病的理想食品，所以，人们应每天都吃一些豆类及其制品。中医养生学上认为，不同颜色的豆类有着不同的养生作用，有“红豆补心脏，黄豆补脾脏，绿豆补肝脏，白豆补肺脏，黑豆补肾脏”之说。可见豆类对身体健康极其重要，不可缺少。

五谷杂粮均有强健体质、养颜美容、增强活力、健脾和胃、健脑益智等营养作用，是人们日常饮食中日日离不了的基本食物。米糊在我们的饮食文化中也有千年的历史。把五谷杂粮制成营养味美的各种米糊，更是老人、幼儿和病人的理想保健食品之一。

用豆浆机打完各种豆浆过滤后的豆腐渣，往往令人头疼，不知该如何处理。其实，豆腐渣中含有丰富的膳食纤维，能吸附食物中的糖和胆固醇，可防治糖尿病和心脑血管疾病。豆腐渣还能增加饱腹感，有极好的减肥作用。最好的方法就是将豆腐渣做成各种美味食品，不但能促进膳食纤维的摄取量，从而促进消化，增进食欲，还可以丰富餐桌。

本书以简洁的文字向广大读者介绍了家庭中最常用的各种豆浆、米糊、果蔬冷饮、豆渣菜点，共 200 余款，对每款制品的用料配比、制作方法及注意事项均做了详细的介绍，并配有精美的彩色图谱。本书内容丰富，图文并茂，通俗易懂，科学实用，是家庭厨房的好教材。

编　者

目　录

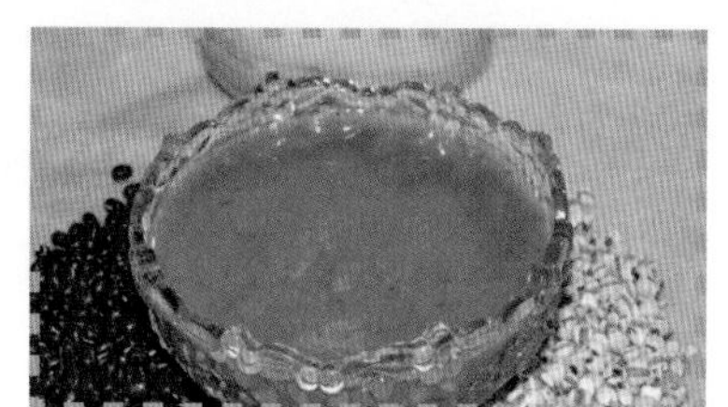

二、米糊类

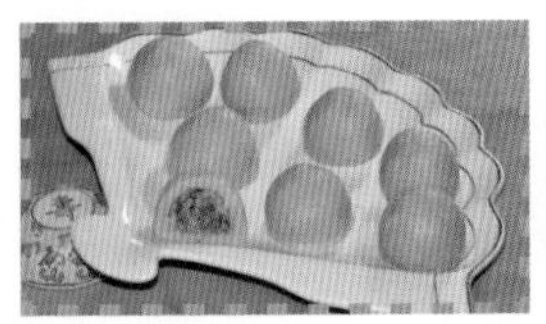

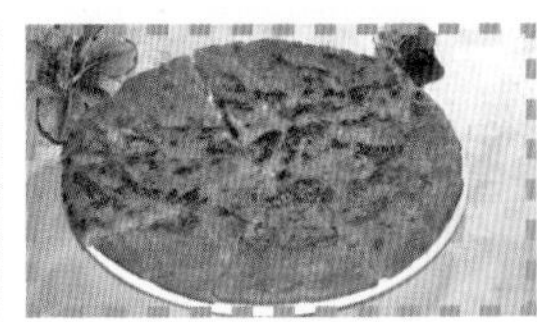

目 录

一、豆浆类

原味豆浆

【原料】 黄豆 100 克，白糖 30 克。

【制法】

1. 黄豆淘洗干净，浸泡约 10 小时。
2. 黄豆放入全自动豆浆机内，加水至上下水位线之间，按豆浆键启动，至豆浆机提示豆浆做好。
3. 将豆浆过滤后加入白糖调化即成。

【小贴士】 豆子要充分泡透，不但能使豆子更洁净，也提高了大豆营养的消化吸收率。

黑豆豆浆

【原料】 黑豆 100 克，白糖 30 克。

【制法】

1. 黑豆淘洗干净，加水浸泡约 10 小时。
2. 黑豆放入豆浆机中，加水至上下水位线之间，按豆浆键启动，至豆浆机提示豆浆做好。
3. 将豆浆过滤后加入白糖调化即可饮用。

【小贴士】 不论用什么豆子打豆浆，都要选颗粒饱满、新鲜优质的。

绿豆豆浆

【原料】 绿豆 100 克，白糖 30 克。

【制法】

1. 绿豆淘洗干净，加水浸泡 4 ~ 6 小时。
2. 绿豆放入豆浆机中，加水至上下水位线之间，按豆浆键启动，至豆浆机提示豆浆做好。
3. 豆浆过滤去豆渣，加入白糖调化即可饮用。

【小贴士】 泡豆子的时间要根据豆子的种类。夏季可加冰或镇凉再喝。

豌豆豆浆

【原料】 豌豆 100 克，白糖 30 克。

【制法】

1. 豌豆淘洗干净，加水浸泡约 10 小时。
2. 豌豆放入豆浆机中，加水至上下水位线之间，按豆浆键启动，至豆浆机提示豆浆做好。
3. 豆浆过滤去豆渣，加入白糖调化即可饮用。

【小贴士】 用干豆子打豆浆容易磨损豆浆机的刀片，也会缩短豆浆机的使用寿命。

红豆豆浆

【原料】 红小豆 80 克，冰糖 30 克。

【制法】

1. 红小豆淘洗干净，浸泡约 5 小时。
2. 红豆放入豆浆机中，加水至上下水位线之间，按豆浆键，至豆浆机提示豆浆做好。
3. 豆浆滤去豆渣，加入冰糖搅匀即可。

【小贴士】 浸泡过的豆子打出的豆浆口感会更好，但不要用浸泡豆子的水直接打豆浆。

芒果豆浆

【原料】 黄豆 80 克，净芒果肉 150 克，白糖 30 克。

【制法】

1. 黄豆浸泡约 10 小时，放入豆浆机中，加水至上下水位线之间，按豆浆键，至豆浆机提示豆浆做好。
2. 豆浆倒出，滤去豆渣。芒果肉用果汁机打成果汁，加入白糖搅匀。
3. 芒果汁倒入杯中，冲入打好的豆浆即可饮用。

【小贴士】 可将芒果和黄豆一起打浆，口感会不一样。

杂豆豆浆

【原料】 黄豆、绿豆、红小豆、青豆、黑花生豆各 20 克，白糖 30 克。

【制法】

1. 所有豆子一起淘洗干净，加水浸泡 10 ~ 12 小时。
2. 豆子倒入豆浆机中，加水至上下水位线之间，按豆浆键启动，至豆浆机提示豆浆做好。
3. 豆浆过滤去豆渣，加入白糖即可饮用。

【小贴士】 冬季泡豆子的时间要长一点，夏季可短一点。泡好的豆子要冲洗几遍，保证洁净。

三绿豆浆

【原料】 绿豆、豌豆、绿黄豆各 35 克，冰糖 20 克。

【制法】

1. 豌豆、绿黄豆浸泡约 8 小时。绿豆浸泡 5 小时。
2. 所有豆子倒入豆浆机中，加水至上下水位线之间，按豆浆键启动，至豆浆机提示豆浆做好。
3. 豆浆滤去豆渣，加冰糖调化即可饮用。

【小贴士】 可搭配蔬菜、水果、干果等，以增加营养及口感。

三白豆浆

【原料】 白芸豆 50 克，鲜百合 25 克，白果仁 15 克，冰糖 20 克。

【制法】

1. 白芸豆淘洗干净，浸泡 10 ~ 12 小时。白果仁浸泡 5 小时。百合掰洗干净。
2. 全部原料（不含冰糖）倒入豆浆机中，加水至上下水位线之间，按豆浆键，至豆浆机提示豆浆做好。
3. 豆浆过滤去豆渣，加冰糖调好即可饮用。

【小贴士】 没有鲜百合，可以直接用干的。

三黑豆浆

【原料】 黑豆 50 克，黑米、黑花生各 25 克。

【制法】

1. 黑豆、花生淘洗干净，浸泡 10 ~ 12 小时。黑米漂洗干净。
2. 全部原料倒入豆浆机中，加水至上下水位线之间，按豆浆键，至豆浆机提示豆浆做好。
3. 豆浆过滤去豆渣，即可饮用。

【小贴士】 豆子的用量可根据自家豆浆机的容量及人数灵活掌握。豆子用量过大会导致煳管，可用钨丝清洗。

三色豆浆

【原料】 黑豆、绿豆、黄豆各 25 克。

【制法】

1. 黑豆、绿豆、黄豆浸泡 10 ~ 12 小时。
2. 全部原料倒入豆浆机中，加水至上下水位线之间，按豆浆键，至豆浆机提示豆浆做好。
3. 豆浆过滤去豆渣，即可饮用。

【小贴士】 加糖或蜂蜜可因人而异。

绿茶豆浆

【原料】 绿豆、黄豆各 35 克，绿茶 15 克。

【制法】

1. 黄豆浸泡约 10 小时。绿豆泡 5 小时。绿茶漂洗一遍，用少量水浸泡 10 分钟。
2. 全部原料放入豆浆机中，加水至上下水位线之间，按豆浆键，至豆浆机提示豆浆做好。
3. 豆浆滤去粗渣，即可饮用。

【小贴士】 可加入冰糖、蜂蜜等。

西瓜豆浆

【原料】 黄豆 50 克，大米 20 克，西瓜 100 克，白糖 25 克。

【制法】

1. 黄豆浸泡约 10 小时。大米浸泡 2 小时。西瓜切小块。
2. 全部原料放入豆浆机中，加水至上下水位线之间，按豆浆键，至豆浆机提示豆浆做好。
3. 豆浆过滤去粗渣，即可饮用。

【小贴士】 白糖可以后放。

白梨豆浆

【原料】 绿豆 60 克，白梨 1 个，碎冰糖 20 克。

【制法】

1. 绿豆泡约 5 小时。白梨去皮、去核，切小块。
2. 全部原料放入豆浆机中，加水至上下水位线之间，按豆浆键，至豆浆机提示豆浆做好。
3. 豆浆过滤去粗渣，即可饮用。

【小贴士】 冰糖可以直接放入过滤好的豆浆中。不喜食甜的也可以不放。

香蕉豆浆

【原料】 红小豆 50 克，香蕉 75 克，西米、白糖各 20 克。

【制法】

1. 红小豆浸泡 3 ~ 5 小时。香蕉切小块。西米漂洗一遍。
2. 红小豆、香蕉、西米放豆浆机中，加水至上下水位线之间，按豆浆键，至豆浆机提示豆浆做好。
3. 豆浆过滤去粗渣，加白糖调化即可饮用。

【小贴士】 香蕉要新鲜，在打豆浆之前再去皮切块。

朗霞豆浆

【原料】黄豆50克，酱油40克，白醋20克，葱花30克。

【制法】

1. 黄豆浸泡10 ~ 12小时。
2. 黄豆放豆浆机中，加水至上下水位线之间，按豆浆键，至豆浆机提示豆浆做好。
3. 两只碗内分别放入酱油、白醋、葱花。豆浆过滤去粗渣，倒入酱油、醋碗内即成。

【小贴士】 白醋不要加过量，否则口味会变酸。

杏仁豆浆

【原料】 黄豆60克，杏仁20克。

【制法】

1. 黄豆浸泡10 ~ 12小时。杏仁漂洗干净。
2. 黄豆、杏仁放豆浆机中，加水至上下水位线之间，按豆浆键，至豆浆机提示豆浆做好。
3. 豆浆过滤去粗渣，即可饮用。

【小贴士】可加蜂蜜、白糖等调味。杏仁的量不能过大。

枸杞豆浆

【原料】 黄豆60克，枸杞子20克，白糖25克。

【制法】

1. 黄豆浸泡10 ~ 12小时。枸杞子洗净。
2. 黄豆、枸杞放豆浆机中，加水至上下水位线之间，按豆浆键，至豆浆机提示豆浆做好。
3. 豆浆过滤去粗渣，加白糖调匀即可饮用。

【小贴士】 不喜食甜的可以不加糖。也可加蜂蜜或梅子酱等。

魔幻豆浆

【原料】 黄豆 70 克，紫甘蓝 125 克，白醋、葱花各 10 克。

【制法】

1. 黄豆浸泡约 10 小时。紫甘蓝切小块。
2. 黄豆、甘蓝放豆浆机中，加水至上下水位线之间，按豆浆键，至豆浆机提示豆浆做好。
3. 豆浆过滤去粗渣。白醋、葱花放在碗内，冲入过滤的豆浆，即可饮用。

【小贴士】 紫甘蓝的紫色花青素遇到白醋就会变成粉红色，故称之为魔幻豆浆。

紫蓝豌豆浆

【原料】豌豆 50 克，紫甘蓝 75 克，蜂蜜 20 克。

【制法】

1. 豌豆浸泡约 10 小时。紫甘蓝切成小块。
2. 豌豆、紫甘蓝放豆浆机中，加水至上下水位线之间，按豆浆键，至豆浆机提示豆浆做好。
3. 豆浆过滤去粗渣，加入蜂蜜调匀即可。

【小贴士】 蜂蜜一定要后放。

果蔬黄豆浆

【原料】 黄豆 50 克，黄瓜、香蕉各 75 克，乌梅 8 颗。

【制法】

1. 黄豆浸泡 10 ~ 12 小时。乌梅漂洗干净，去核。黄瓜、香蕉（去皮）切小块。
2. 原料放豆浆机中，加水至上下水位线之间，按豆浆键，至豆浆机提示豆浆做好。
3. 豆浆过滤去粗渣，即可饮用。

【小贴士】 乌梅含糖，要用凉水漂洗。黄瓜、香蕉要新鲜。

五谷黑豆浆

【原料】 黑豆 50 克，小米、大米、细玉米、高粱米、花生各 15 克。

【制法】

1. 黑豆浸泡 10 ~ 12 小时。大米、高粱米、小米、细玉米浸泡 2 小时。花生压碎。
2. 全部原料放豆浆机中，加水至上下水位线之间，按豆浆键，至豆浆机提示豆浆做好。
3. 豆浆过滤去粗渣，即可饮用。

【小贴士】 泡好的黄豆、米要在放入豆浆机前冲洗干净。

葡萄黑豆浆

【原料】 黑豆 60 克，葡萄 125 克，黑芝麻 15 克。

【制法】

1. 黑豆浸泡 10 ~ 12 小时。葡萄、黑芝麻洗净。
2. 全部原料放豆浆机中，加水至上下水位线之间，按豆浆键，至豆浆机提示豆浆做好。
3. 豆浆过滤去粗渣，即可饮用。

【小贴士】 葡萄不用去皮及籽。

鲜果黄豆浆

【原料】 黄豆 50 克，久宝桃 1 个，黄番茄 2 个。

【制法】

1. 黄豆浸泡 10 ~ 12 小时。桃子去皮，同黄番茄分别切块。
2. 全部原料放豆浆机中，加水至上下水位线之间，按豆浆键，至豆浆机提示豆浆做好。
3. 豆浆过滤去粗渣，即可饮用。

【小贴士】 根据喜好加入白糖、冰糖、蜂蜜等。

香蕉豌豆浆

【原料】 豌豆 40 克，香蕉 75 克。

【制法】

1. 豌豆浸泡 10 ~ 12 小时。香蕉去皮，切小块。
2. 豌豆、香蕉放豆浆机中，加水至上下水位线之间，按豆浆键，至豆浆机提示豆浆做好。
3. 豆浆过滤去粗渣，即可饮用。

【小贴士】 香蕉要在放入豆浆机时再切，以免氧化变色。

葡萄红豆浆

【原料】 红小豆 40 克，绿葡萄 100 克。

【制法】

1. 红小豆浸泡 5 ~ 6 小时。葡萄洗净。
2. 红小豆、葡萄放豆浆机中，加水至上下水位线之间，按豆浆键，至豆浆机提示豆浆做好。
3. 豆浆过滤去粗渣，即可饮用。

【小贴士】 葡萄要充分洗净。

腰果绿豆浆

【原料】 绿小豆 60 克，腰果 30 克。

【制法】

1. 绿小豆浸泡 5 ~ 6 小时。
2. 绿小豆、腰果放豆浆机中，加水至上下水位线之间，按豆浆键，至豆浆机提示豆浆做好。
3. 豆浆过滤去粗渣，即可饮用。

【小贴士】 用炸熟的腰果，豆浆会更香。加糖与否根据喜好。

蓝莓黄豆浆

【原料】 黄豆 50 克，鲜蓝莓 100 克，冰糖 25 克。

【制法】

1. 黄豆浸泡 10 ~ 12 小时。蓝莓洗净。
2. 黄豆、蓝莓放豆浆机中，加水至上下水位线之间，按豆浆键，至豆浆机提示豆浆做好。
3. 豆浆过滤去粗渣，加冰糖调化即可饮用。

【小贴士】 蓝莓要快速冲洗，不要浸泡，以防止花青素流失。

木瓜绿豆浆

【原料】 绿黄豆 60 克，木瓜 125 克。

【制法】

1. 绿黄豆浸泡 10 ~ 12 小时。木瓜去皮去瓤，切小块。
2. 原料放豆浆机中，加水至上下水位线之间，按豆浆键，至豆浆机提示豆浆做好。
3. 豆浆过滤去粗渣，即可饮用。

【小贴士】 豆浆中可加入蜂蜜、白糖等。

核桃黑豆浆

【原料】 黑豆 60 克，熟核桃仁 50 克。

【制法】

1. 黑豆浸泡 10 ~ 12 小时。
2. 原料放豆浆机中，加水至上下水位线之间，按豆浆键，至豆浆机提示豆浆做好。
3. 豆浆过滤去粗渣，即可饮用。

【小贴士】 豆浆中可加入冰糖、白糖等。

南瓜黄豆浆

【原料】 黄豆 50 克，南瓜 100 克。

【制法】

1. 黄豆浸泡 10 ~ 12 小时。南瓜去皮去瓤，切小块。
2. 原料放豆浆机中，加水至上下水位线之间，按豆浆键，至豆浆机提示豆浆做好。
3. 豆浆过滤去粗渣，即可饮用。

【小贴士】 冰糖放豆浆机中一起打时要先敲碎，否则对豆浆机磨损较大。

双米黄豆浆

【原料】 黄豆 60 克，薏仁米、嫩熟玉米各 30 克。

【制法】

1. 黄豆、薏仁米浸泡 10 ~ 12 小时。
2. 原料放豆浆机中，加水至上下水位线之间，按豆浆键，至豆浆机提示豆浆做好。
3. 豆浆过滤去粗渣，即可饮用。

【小贴士】 打豆浆的原料以充分泡透为准。

什锦芸豆浆

【原料】 芸豆 60 克，红小豆、大杏仁、麦片各 20 克。

【制法】

1. 芸豆浸泡 10 ~ 12 小时。红小豆浸泡 3 小时。麦片洗净。
2. 原料放豆浆机中，加水至上下水位线之间，按豆浆键，至豆浆机提示豆浆做好。
3. 豆浆过滤去粗渣，即可饮用。

【小贴士】 可根据喜好加入白糖或蜂蜜等。

紫甘蓝豆浆

【原料】 黄豆 50 克，红小豆 20 克，紫甘蓝 75 克。

【制法】

1. 黄豆浸泡约 10 小时。红小豆泡 5 小时。紫甘蓝切小块。
2. 全部原料放入豆浆机中，加水至上下水位线之间，按豆浆键，至豆浆机提示豆浆做好。
3. 豆浆过滤去粗渣，即可饮用。

【小贴士】 根据个人喜好调味。

姜汁黑豆浆

【原料】 黑豆 50 克，红小豆、鲜姜、冰糖各 20 克。

【制法】

1. 黑豆浸泡 10 ~ 12 小时。红小豆泡约 5 小时。鲜姜去皮，切丁。
2. 全部原料（不含冰糖）放豆浆机中，加水至上下水位线之间，按豆浆键，至豆浆机提示豆浆做好。
3. 豆浆过滤去粗渣，加冰糖调匀即可饮用。

【小贴士】 加糖量可因人而异。

银耳黄豆浆

【原料】 黄豆 50 克，银耳 25 克，西米、冰糖各 20 克。

【制法】

1. 黄豆浸泡 10 ~ 12 小时。银耳洗净泡透，撕成小片，西米洗净。
2. 黄豆、银耳、西米放豆浆机中，加水至上下水位线之间，按豆浆键，至提示豆浆做好。
3. 豆浆过滤去粗渣，加冰糖调化即可饮用。

【小贴士】 连粗渣一起饮用，营养价值更高。

猕猴桃豆浆

【原料】 黄豆60克，猕猴桃1个，白糖20克。

【制法】

1. 黄豆浸泡10 ~ 12小时。猕猴桃去皮，切成小块。
2. 黄豆、猕猴桃放豆浆机中，加水至上下水位线之间，按豆浆键，至豆浆机提示豆浆做好。
3. 豆浆过滤去粗渣，加白糖调匀即可饮用。

【小贴士】 猕猴桃不要过生，否则口感不好。

五谷黄豆浆

【原料】 黄豆50克，大米、小米、碎玉米、糙米、麦仁各15克，白糖25克。

【制法】

1. 黄豆、小麦仁淘洗干净，加水浸泡10 ~ 12小时。大米、小米、碎玉米洗净，浸泡2小时。
2. 黄豆及米倒入豆浆机中，加水至上下水位线之间，按豆浆键启动，至豆浆机提示做好。
3. 豆浆过滤去豆渣，加入白糖调匀即可饮用。

【小贴士】 根据原料的不同性质，分别浸泡。此豆浆可增强人体免疫力，适合各类人群。

乌梅双豆浆

【原料】 黄豆、豌豆各30克，乌梅10颗。

【制法】

1. 黄豆、豌豆浸泡10 ~ 12小时。乌梅漂洗干净，去核。
2. 全部原料放豆浆机中，加水至上下水位线之间，按豆浆键，至豆浆机提示豆浆做好。
3. 豆浆过滤去粗渣，即可饮用。

【小贴士】 乌梅含糖，要用温水或凉水漂洗。

李子黄豆浆

【原料】 黄豆 50 克，李子 125 克，冰糖 25 克。

【制法】

1. 黄豆浸泡 10 ~ 12 小时。李子洗净，去核。
2. 黄豆、李子放豆浆机中，加水至上下水位线之间，按豆浆键，至豆浆机提示豆浆做好。
3. 豆浆过滤去豆渣，加冰糖调化即可饮用。

【小贴士】 加糖量可因人而异。

鲜瓜红豆浆

【原料】 红小豆 50 克，鲜瓜 150 克。

【制法】

1. 红小豆浸泡 5 ~ 8 小时。鲜瓜去皮，切成小块。
2. 原料放豆浆机中，加水至上下水位线之间，按豆浆键，至豆浆机提示豆浆做好。
3. 豆浆过滤去豆渣，即可饮用。

【小贴士】 红豆泡好后要漂洗后再放豆浆机中，夏季更要多洗几遍。

鲜桃红豆浆

【原料】 红小豆 50 克，鲜桃、茄梨 75 克。

【制法】

1. 红小豆浸泡 5 ~ 8 小时。鲜桃、茄梨洗净，去核，切成小块。
2. 全部原料放豆浆机中，加水至上下水位线之间，按豆浆键，至豆浆机提示豆浆做好。
3. 豆浆过滤去豆渣即成。

【小贴士】 可根据喜好加入糖类或蜂蜜等。

茄梨黄豆浆

【原料】黄豆 50 克，红皮茄梨 150 克。

【制法】

1. 黄豆浸泡 10 ~ 12 小时。茄梨洗净，去核，切块。
2. 黄豆、茄梨放豆浆机中，加水至上下水位线之间，按豆浆键，至豆浆机提示豆浆做好。
3. 豆浆滤去豆渣，即可饮用。

【小贴士】可因人调味。

柑橘黄豆浆

【原料】黄豆 60 克，柑橘 100 克，冰糖 30 克。

【制法】

1. 黄豆浸泡约 10 小时。柑橘去皮、去籽。
2. 原料放入豆浆机中，加水至上下水位线之间，按豆浆键，至豆浆机提示豆浆做好。
3. 豆浆滤去粗渣，即可饮用。

【小贴士】喜欢口味重的可以加一点柑橘皮。

赤豆黑豆浆

【原料】黑豆 50 克，赤豆（红小豆）25 克。

【制法】

1. 黑豆浸泡 10 ~ 12 小时。赤豆浸泡 5 ~ 6 小时。
2. 原料放入豆浆机中，加水至上下水位线之间，按豆浆键，至豆浆机提示豆浆做好。
3. 豆浆倒出，滤去粗渣，即可饮用。

【小贴士】夏季泡豆子时最好放冰箱中，打浆时要冲洗。

树莓红豆浆

【原料】 红小豆 50 克，鲜树莓 125 克。

【制法】

1. 红小豆浸泡 3 ~ 5 小时。树莓洗净。
2. 原料放豆浆机中，加水至上下水位线之间，按豆浆键，至豆浆机提示豆浆做好。
3. 豆浆滤去豆渣，即可饮用。

【小贴士】 豆浆可根据自己的喜好调味。

黑麦黑豆浆

【原料】 黑豆 60 克，黑麦片 25 克。

【制法】

1. 黑豆浸泡 10 ~ 12 小时。麦片漂洗干净。
2. 原料放入豆浆机中，加水至上下水位线之间，按豆浆键，至豆浆机提示豆浆做好。
3. 豆浆滤去粗渣，即可饮用。

【小贴士】 可根据体质及喜好自行调味。

番茄黄豆浆

【原料】 黄豆 60 克，黄番茄 125 克。

【制法】

1. 黄豆浸泡约 10 小时。黄番茄洗净切小块。
2. 原料放入豆浆机中，加水至上下水位线之间，按豆浆键，至豆浆机提示豆浆做好。
3. 豆浆倒出，滤去粗渣，即可饮用。

【小贴士】 番茄的种类可随意。

润肺滋补豆浆

【原料】 黄豆、绿豆各30克，白梨100克，枸杞子10克。

【制法】

1. 黄豆浸泡约10小时。绿豆浸泡约5小时。白梨去皮，切块。枸杞子漂洗干净。
2. 全部原料放豆浆机中，加水至上下水位线之间，按豆浆键，至豆浆机提示豆浆做好。
3. 豆浆过滤去豆渣，即可饮用。

【小贴士】 加不加糖及加糖量可因人而异。

绿豆花生豆浆

【原料】绿豆50克，花生25克，鲜桃100克。

【制法】

1. 绿豆、花生浸泡3～5小时。鲜桃洗净、去核，切成小块。
2. 全部原料放豆浆机中，加水至上下水位线之间，按豆浆键，至豆浆机提示豆浆做好。
3. 豆浆过滤去粗渣，即可饮用。

【小贴士】 鲜桃可不去皮，但一定要用淡盐水泡洗干净。

芸豆花生豆浆

【原料】芸豆50克，花生30克，香蕉100克。

【制法】

1. 芸豆、花生浸泡10～12小时。香蕉去皮，切成小块。
2. 全部原料放豆浆机中，加水至上下水位线之间，按豆浆键，至豆浆机提示豆浆做好。
3. 豆浆过滤去粗渣，即可饮用。

【小贴士】 原料可用保温杯浸泡，以节省时间。

腰果双豆豆浆

【原料】 黄豆、红小豆、腰果各 30 克。

【制法】

1. 黄豆浸泡约 10 小时，红小豆浸泡 5 小时。
2. 原料倒入豆浆机中，加水至上下水位线之间，按豆浆键启动，至豆浆机提示豆浆做好。
3. 豆浆过滤去豆渣，即可饮用。

【小贴士】 用熟腰果可增加香气。可按喜好调味。

三珍红豆豆浆

【原料】 红小豆 50 克，花生 25 克，松仁、黑芝麻各 15 克。

【制法】

1. 红小豆、花生淘洗干净，加水浸泡 10 ~ 12 小时。黑芝麻淘洗干净。
2. 全部原料倒入豆浆机中，加水至上下水位线之间，按豆浆键，至豆浆机提示豆浆做好。
3. 豆浆过滤去豆渣，即可饮用。

【小贴士】 黑芝麻要去净杂质。可根据喜好调味。

绿豆莲子豆浆

【原料】 绿豆 60 克，莲子 30 克，冰糖 20 克。

【制法】

1. 莲子洗净，加水浸泡约 10 小时。绿豆淘洗干净，加清水浸泡约 5 小时。
2. 绿豆、莲子放豆浆机中，加水至上下水位线之间，按豆浆键，至豆浆机提示豆浆做好。
3. 豆浆滤去豆渣，加冰糖调化即可饮用。

【小贴士】 根据喜好可以不加任何糖，或加入蜂蜜等。

莲子杏仁豆浆

【原料】 黄豆50克，莲子、腰果各20克，杏仁10克。

【制法】

1. 黄豆、莲子淘洗干净，加水浸泡10 ~ 12小时。
2. 全部原料放入豆浆机中，加水至上下水位线之间，按豆浆键，至豆浆机提示豆浆做好。
3. 豆浆滤去豆渣，即可饮用。

【小贴士】 夏季泡豆子要放在冰箱中。

花生莲枣豆浆

【原料】 黑豆50克，莲子、花生各25克，红枣5个。

【制法】

1. 莲子、黑豆、花生，加水浸泡10 ~ 12小时。红枣洗净，去核，切成小丁。
2. 全部原料放入豆浆机中，加水至上下水位线之间，按豆浆键，至豆浆机提示豆浆做好。
3. 豆浆过滤去豆渣，即可饮用。

【小贴士】 可用温水或放在暖水瓶中浸泡，以缩短泡制的时间。

菠罗蜜绿豆浆

【原料】 绿豆50克，菠罗蜜100克，碎冰糖

25克。

【制法】

1. 绿豆淘洗干净，浸泡4 ~ 6小时。
2. 原料放豆浆机中，加水至上下水位线之间，按豆浆键，至豆浆机提示豆浆做好。
3. 豆浆过滤后，即可饮用。

【小贴士】 加糖与否可因人而异，不喜食甜的可以不加。

绿豆草莓豆浆

【原料】 绿豆 50 克，草莓 75 克，冰糖 25 克。

【制法】

1. 绿豆淘洗干净，浸泡 4 ~ 6 小时。草莓冲净，用淡盐水浸泡 5 分钟，再洗净，切成小块。
2. 绿豆、草莓放豆浆机中，加水至上下水位线之间，按豆浆键，至豆浆机提示豆浆做好。
3. 豆浆过滤后，加入冰糖调化即可。

【小贴士】 可将豆浆冰镇后饮用。

圣女果红豆浆

【原料】 红小豆 50 克，圣女果 75 克，白糖 25 克。

【制法】

1. 红小豆淘洗干净,加水浸泡 4 ~ 6 小时。圣女果洗净，切成四半。
2. 红豆、圣女果放豆浆机中，加水至上下水位线之间，按豆浆键，至豆浆机提示豆浆做好。
3. 豆浆过滤后，加入白糖调化即可。

【小贴士】 水果要充分洗净。

咖啡芒果豆浆

【原料】 红小豆、芒果肉各 50 克，咖啡粉 15 克，咖啡糖 20 克。

【制法】

1. 红小豆浸泡 4 ~ 6 小时。芒果肉切成小块。
2. 全部原料放入豆浆机中，加水至上下水位线之间，按豆浆键，至豆浆机提示豆浆做好。
3. 豆浆过滤去豆渣，即可饮用。

【小贴士】 咖啡糖可以后放，也可以不放。

黄瓜糯米豆浆

【原料】黄豆 50 克，黄瓜 75 克，糯米 20 克。

【制法】

1. 黄豆、糯米淘洗干净，加水浸泡约 10 小时。黄瓜洗净，切小块。
2. 全部原料放入豆浆机中，加水至上下水位线之间，按豆浆键，至豆浆机提示豆浆做好。
3. 豆浆滤去豆渣即成。

【小贴士】根据喜好及体质可以加冰糖或蜂蜜等调味。

黑豆芹菜豆浆

【原料】黑豆 50 克，芹菜 75 克，蜂蜜 20 克。

【制法】

1. 黑豆浸泡 10 ~ 12 小时。芹菜切小段。
2. 黑豆、芹菜放豆浆机中，加水至上下水位线之间，按豆浆键，至豆浆机提示豆浆做好。
3. 豆浆过滤去粗渣，加蜂蜜调匀即可饮用。

【小贴士】选料一定要新鲜。

绿豆苦瓜豆浆

【原料】绿豆、苦瓜各 50 克，白糖 25 克。

【制法】

1. 绿豆浸泡 4 ~ 6 小时。苦瓜切小丁。
2. 绿豆、苦瓜放豆浆机中，加水至上下水位线之间，按豆浆键，至豆浆机提示豆浆做好。
3. 豆浆过滤去粗渣，加白糖调匀即可饮用。

【小贴士】要选新鲜的嫩苦瓜。此豆浆可清热解毒，降燥去火。

果味薏米黄豆浆

【原料】黄豆 40 克，薏仁米 20 克，葡萄 100 克。

【制法】

1. 黄豆、薏仁米浸泡 10 ~ 12 小时。葡萄粒洗净。
2. 全部原料放豆浆机中，加水至上下水位线之间，按豆浆键，至豆浆机提示豆浆做好。
3. 豆浆过滤去豆渣，即可饮用。

【小贴士】可按喜好加入白糖、冰糖等。

鲜桃荔枝黑豆浆

【原料】黑豆 40 克，鲜桃、鲜荔枝各 75 克。

【制法】

1. 黑豆浸泡 10 ~ 12 小时。鲜桃洗净，去核，切块。荔枝去皮、去核。
2. 全部原料放豆浆机中，加水至上下水位线之间，按豆浆键，至豆浆机提示豆浆做好。
3. 豆浆过滤去豆渣，即可饮用。

【小贴士】可按喜好加入白糖、蜂蜜等。

芸豆燕麦黄豆浆

【原料】黄豆、芸豆各 40 克，燕麦 25 克。

【制法】

1. 黄豆、芸豆浸泡 10 ~ 12 小时。燕麦漂洗干净。
2. 原料放豆浆机中，加水至上下水位线之间，按豆浆键，至豆浆机提示豆浆做好。
3. 豆浆过滤去粗渣，即可饮用。

【小贴士】原料可用保温杯浸泡，以节省时间。

葡萄杏仁豌豆浆

【原料】豌豆 60 克，葡萄 125 克，杏仁 10 克，冰糖 25 克。

【制法】

1. 豌豆浸泡 10 ~ 12 小时。葡萄、杏仁洗净。
2. 豌豆、葡萄、杏仁放豆浆机中，加水至上下水位线之间，按豆浆键，至豆浆机提示豆浆做好。
3. 豆浆过滤去粗渣，加冰糖调化即可饮用。

【小贴士】用嫩豌豆则不用浸泡。

双仁猕猴桃豆浆

【原料】黄豆 60 克，猕猴桃 1 个，瓜子仁、腰果、冰糖各 20 克。

【制法】

1. 黄豆浸泡 10 ~ 12 小时。猕猴桃去皮，切成小块。
2. 原料放豆浆机中，加水至上下水位线之间，按豆浆键，至豆浆机提示做好。
3. 豆浆过滤去粗渣，加冰糖调化，即可饮用。

【小贴士】瓜子仁、腰果最好是提前炒熟的，那样口味会更香浓。

芹菜芝麻毛豆浆

【原料】毛豆 60 克，芹菜 75 克，黑芝麻 15 克，冰糖 20 克。

【制法】

1. 芹菜洗净切丁。黑芝麻洗净。
2. 毛豆、芹菜、黑芝麻放豆浆机中，加水至上下水位线之间，按豆浆键，至豆浆机提示豆浆做好。
3. 豆浆过滤去粗渣，加冰糖调化即可饮用。

【小贴士】要选鲜嫩翠绿的芹菜。

莲心百合绿豆浆

【原料】 绿豆 60 克，干百合 20 克，莲心 5 克，冰糖 20 克。

【制法】

1. 绿豆浸泡 4 ~ 6 小时。百合掰洗干净。
2. 全部原料放豆浆机中，加水至上下水位线之间，按豆浆键，至豆浆机提示豆浆做好。
3. 豆浆过滤去粗渣，即可饮用。

【小贴士】 百合根据季节也可选用鲜品。莲心要漂洗。

葡萄橘子汁

【原料】 鲜葡萄 150 克，橘子 75 克，冰糖 25 克。

【制法】

1. 葡萄粒洗净。橘子去皮，掰成瓣。
2. 葡萄、橘子放豆浆机中，加水至上下水位线之间，按果蔬冷饮键，至豆浆机提示做好。
3. 果汁过滤去粗渣，加冰糖调化即可饮用。

【小贴士】 加不加糖可根据个人的喜好及体质而定。

青椒梨果汁

【原料】 青椒、苹果、白梨各 75 克，白糖 25 克。

【制法】

1. 青椒洗净、苹果、白梨去皮核，均切成小块。
2. 原料放豆浆机中，加水至上下水位线之间，按果蔬冷饮键，至提示做好。
3. 果汁过滤去粗渣，加白糖调匀即可饮用。

【小贴士】 打冷饮汁原料一定要充分洗净。青椒最好选用肉质厚实的甜椒。

葡萄玉米汁

【原料】 鲜葡萄 150 克，嫩熟玉米粒 60 克。

【制法】

1. 葡萄粒洗净。
2. 原料放豆浆机中，加水至上下水位线之间，按果蔬冷饮键，至豆浆机提示做好。
3. 果汁过滤去粗渣，即可饮用。

【小贴士】 打冷饮汁更要保证原料的清洁。

西瓜甜梨汁

【原料】 净西瓜 150 克，皇冠梨 1 个。

【制法】

1. 西瓜切小块。皇冠梨洗净去核，切小块。
2. 原料放豆浆机中，加水至上下水位线之间，按果蔬冷饮键，至豆浆机提示做好。
3. 果汁过滤去粗渣，即可饮用。

【小贴士】 加不加糖可根据个人的喜好而定。原料要充分治净。

枸杞橘子玉米汁

【原料】 橘子 100 克，嫩熟玉米 60 克，枸杞子 15 克。

【制法】

1. 橘子去皮，逐瓣分开。枸杞子用冷水漂洗干净。
2. 原料放豆浆机中，加水至上下水位线之间，按果蔬冷饮键，至豆浆机提示做好。
3. 果汁过滤去粗渣，即可饮用。

【小贴士】 枸杞子含糖，不能用热水烫洗，否则灰尘会粘在表面不易洗净。

冰糖果蔬汁

【原料】 紫甘蓝150克，白梨1个，冰糖25克。

【制法】

1. 紫甘蓝、白梨去皮核，分别切成小块。
2. 甘蓝洗净、白梨放豆浆机中，加水至上下水位线之间，按果蔬冷饮键，至提示做好。
3. 果汁过滤去粗渣，加冰糖调化即可饮用。

【小贴士】 打冷饮汁原料一定要充分洗净。紫甘蓝同酸性水果一起打汁，颜色会变成粉红色。

咸豆浆

【原料】 黄豆80克，油条1根，小虾皮、白醋各20克，葱花、香菜小段、辣油、香油各10克，精盐2克，味精1克。

【制法】

1. 黄豆浸泡约10小时，倒入豆浆机，打成豆浆，滤出豆腐渣。
2. 豆浆倒入锅内，加入小虾皮烧开，加入白醋，关火，搅动几下。
3. 油条切小段放碗内，加辣油、香油、精盐，倒入豆浆，放入葱花、香菜段、味精即成。

【小贴士】 喜食辣的可以多加一点辣油，反之可以不加辣油。

蒜汁香辣豆浆

【原料】 豆浆500克，麻花1根，青、红辣椒、蒜泥、红油辣椒、酱油、白醋各25克，葱末、香菜末、香油、白糖各10克，精盐、味精、胡椒粉、花椒粉各1克。

【制法】

1. 麻花掰成小块。青红辣椒切碎，加入全部调料（不含醋）一起调匀。
2. 豆浆倒入锅内烧开，下入麻花烧开，关火，淋入白醋搅匀。
3. 豆浆分别装碗，分别浇入调好的汁即成。

【小贴士】 可根据家里现有的食材加入一些配菜。

鲜瓜玉米汁

【原料】 鲜瓜 150 克，嫩玉米 1 穗。

【制法】

1. 嫩玉米煮熟，剥下玉米粒。鲜瓜去皮去瓤，切小块。
2. 原料放豆浆机中，加水至上下水位线之间，按果蔬冷饮键，至豆浆机提示做好。
3. 果汁过滤去粗渣，即可饮用。

【小贴士】 玉米的颜色及香瓜的种类可随意选择。

木瓜苹果汁

【原料】 鲜木瓜 150 克，苹果 75 克。

【制法】

1. 鲜木瓜去皮去瓤，切小块。苹果去核，切小块。
2. 原料放豆浆机中，加水至上下水位线之间，按果蔬冷饮键，至豆浆机提示做好。
3. 果汁过滤去粗渣，即可饮用。

【小贴士】 根据喜好加糖或蜂蜜。连同粗渣饮用，营养价值更高。

猕猴桃冰汁

【原料】 猕猴桃 3 个，白糖 25 克。

【制法】

1. 猕猴桃去皮，切成小块。
2. 猕猴桃放豆浆机中，加一点饮用水，按果蔬冷饮键，至豆浆机提示做好。
3. 果汁滤去粗渣，加白糖调化，倒入杯子中，放上冰块即可。

【小贴士】 打果汁尽量少放水，使果汁原汁原味。可放冰箱中冰镇。

西瓜丁猕猴桃汁

【原料】 猕猴桃 2 个，西瓜 100 克，白糖 25 克。

【制法】

1. 猕猴桃去皮，切成小块。西瓜去皮、去籽，切小丁。
2. 猕猴桃放豆浆机中，加一点饮用水，按果蔬冷饮键，至豆浆机提示做好。
3. 果汁加白糖调化，倒入杯子中，放上西瓜丁即可。

【小贴士】 连粗渣一起食用，营养价值更高，只是口感欠佳，如不喜欢可以过滤去粗渣。

猕猴桃鲜玉米汁

【原料】 嫩熟玉米粒 60 克，猕猴桃 2 个，冰糖 25 克。

【制法】

1. 猕猴桃去皮，切成小块。
2. 玉米、猕猴桃放豆浆机中，加水至上下水位线之间，按果蔬冷饮键，至豆浆机提示做好。
3. 果汁过滤去粗渣，加冰糖调化，即可饮用。

【小贴士】 猕猴桃不能过生，否则口感不好。

香蕉橘子玉米汁

【原料】 香蕉、橘子各 75 克，嫩玉米 60 克。

【制法】

1. 香蕉、橘子去皮，掰成小块。
2. 原料放豆浆机中，加水至上下水位线之间，按果蔬冷饮键，至豆浆机提示做好。
3. 果汁过滤去粗渣，即可饮用。

【小贴士】 打冷饮汁更要保证原料新鲜和清洁度。

果香甘蓝汁

【原料】 紫甘蓝、葡萄各 100 克，苹果 1 个。

【制法】

1. 紫甘蓝、苹果切小块。葡萄粒洗净。
2. 原料放豆浆机中，加饮用水，按果蔬冷饮键，至豆浆机提示做好。
3. 果蔬汁滤去粗渣，即可饮用。

【小贴士】 原料要充分洗净。可加入蜂蜜等调味。

珍珠西瓜汁

【原料】 西瓜 200 克，石榴粒 25 克。

【制法】

1. 西瓜去皮、去籽，切小块。
2. 西瓜放豆浆机中，加饮用水，按果蔬冷饮键，至豆浆机提示做好。
3. 果汁倒入杯内，放上石榴粒即可。

【小贴士】 可用果汁机打制。

香蕉苹果橘子汁

【原料】 香蕉、橘子、苹果各 75 克。

【制法】

1. 香蕉、橘子去皮，掰成小块。苹果去皮核，切小块。
2. 原料放豆浆机中，加水至上下水位线之间，按果蔬冷饮键，至豆浆机提示做好。
3. 果汁过滤去粗渣，即可饮用。

【小贴士】 鲜榨汁要保证原料新鲜。

土豆咖喱浓汤

【原料】 净土豆、洋葱各 75 克，咖喱粉 5 克，精盐、鸡粉各 1 克。

【制法】

1. 土豆、洋葱均治净切成小块。
2. 原料放豆浆机中，加水至上下水位线之间，按果蔬浓汤键，至豆浆机提示做好。
3. 倒出浓汤，即可食用。

【小贴士】 原料的用量可根据自家豆浆机的容量而定。

黑土豆白菜汤

【原料】 黑土豆、圆白菜各 75 克，洋葱 30 克，精盐、鸡粉各 1.5 克。

【制法】

1. 土豆、圆白菜、洋葱均治净切成小块。
2. 原料放豆浆机中，加饮用水至上下水位线之间，按果蔬浓汤键，至豆浆机提示做好。
3. 倒出浓汤，即可食用。

【小贴士】 蔬菜的种类可自行搭配。

什锦蔬菜浓汤

【原料】 胡萝卜 50 克，菜花、鲜香菇、口蘑、西红柿各 30 克，精盐、鸡粉各 1.5 克。

【制法】

1. 全部原料治净，分别切成小块。
2. 原料放豆浆机中，加饮用水至上下水位线之间，按果蔬浓汤键，至豆浆机提示做好。
3. 倒出浓汤，即可食用。

【小贴士】 蔬菜的种类可随意选择。

二、米糊类

大米糊

【原料】 大米 80 克。

【制法】

1. 大米淘洗干净，浸泡 2 小时。
2. 大米放入豆浆机中，加水至上下水位线之间，按米糊键，至豆浆机提示米糊做好。
3. 米糊倒入碗内，即可饮用。

【小贴士】 打米糊时根据米的种类要进行时间不等的浸泡，泡过的米打出的米糊口感更好。

糯米糊

【原料】 糯米 60 克，莲子、白糖各 20 克。

【制法】

1. 糯米、莲子淘洗干净，浸泡约 5 ~ 8 小时。
2. 糯米、莲子放豆浆机中，加水至上下水位线之间，按米糊键，至豆浆机提示米糊做好。
3. 米糊倒入碗内，加白糖调化即可食用。

【小贴士】 加糖量及种类可根据喜好及体质而定。

红米糊

【原料】 红米 60 克，玫瑰酱 15 克。

【制法】

1. 红米浸泡约 5 小时。
2. 红米放豆浆机中，加水至上下水位线之间，按米糊键，至豆浆机提示米糊做好。
3. 米糊倒入碗内，加玫瑰酱调匀即可食用。

【小贴士】 也可根据个人喜好调味。

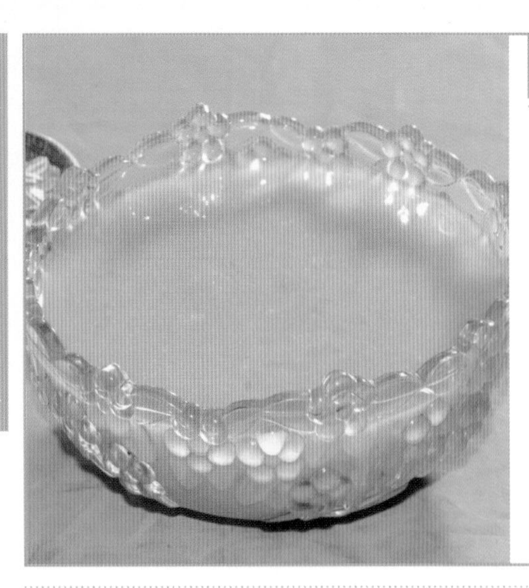

小米糊

【原料】小米 60 克，燕麦 25 克。

【制法】

1. 小米浸泡 1 小时。燕麦洗净。
2. 小米、燕麦放豆浆机中，加水至上下水位线之间，按米糊键，至豆浆机提示米糊做好。
3. 米糊倒入碗内，即可饮用。

【小贴士】燕麦漂洗即可，不能浸泡。

玉米糊

【原料】玉米楂 60 克。

【制法】

1. 玉米楂淘洗干净，浸泡约 3 小时。
2. 玉米楂放入豆浆机中，加水至上下水位线之间，按米糊键，至豆浆机提示米糊做好。
3. 米糊倒入碗内，即可饮用。

【小贴士】可用新鲜的嫩玉米，不用浸泡，直接打成糊。

薏仁米糊

【原料】薏仁米 50 克，嫩玉米、花生各 25 克。

【制法】

1. 薏仁米浸泡约 10 小时。
2. 原料放豆浆机中，加水至上下水位线之间，按米糊键，至豆浆机提示米糊做好。
3. 米糊倒入碗内，即可饮用。

【小贴士】此米糊可润泽肌肤，非常适合体质虚弱、消化不良的人食用。

紫玉米糊

【原料】紫玉米60克，紫葡萄75克、冰糖25克。

【制法】

1. 紫玉米粒浸泡10 ~ 12小时。紫葡萄洗净。
2. 原料放入豆浆机中，加水至上下水位线之间，按米糊键，至豆浆机提示米糊做好。
3. 米糊倒入碗内，即可饮用。

【小贴士】 可用嫩紫玉米，不用浸泡。

小米乌梅糊

【原料】 小米60克，乌梅10颗。

【制法】

1. 小米洗净，浸泡1小时。乌梅洗净，去核。
2. 原料放入豆浆机中，加水至上下水位线之间，按米糊键，至豆浆机提示米糊做好。
3. 米糊倒入碗内，即可饮用。

【小贴士】 乌梅用冷水漂洗干净。

小米核桃糊

【原料】 小米60克，熟核桃仁25克。

【制法】

1. 小米淘洗干净，浸泡1小时。
2. 原料放入豆浆机中，加水至上下水位线之间，按米糊键，至豆浆机提示米糊做好。
3. 米糊倒入碗内，即可饮用。

【小贴士】小米用热水浸泡20分钟即可打糊，但要连泡米的水一起用，以防止营养流失。

高粱米糊

【原料】 高粱米 50 克，花生、小米各 25 克。

【制法】

1. 花生洗净浸泡 10 ~ 12 小时。高粱米淘洗干净，浸泡 3 小时。小米洗净，泡 1 小时。
2. 全部原料放入豆浆机中，加水至上下水位线之间，按米糊键，至豆浆机提示米糊做好。
3. 米糊倒入碗内，即可饮用。

【小贴士】 根据个人喜好可以加入白糖、蜂蜜、玫瑰酱等食用。

水果玉米糊

【原料】 紫玉米 50 克，鲜桃、鲜瓜各 75 克，紫米 20 克。

【制法】

1. 紫玉米粒、紫米浸泡 10 ~ 12 小时。鲜桃、鲜瓜洗净，切小块。
2. 原料放入豆浆机中，加水至上下水位线之间，按米糊键，至豆浆机提示米糊做好。
3. 米糊倒入碗内，即可饮用。

【小贴士】 嫩玉米打出来会更香。根据个人喜好调味。

双豆小米糊

【原料】 小米、黑豆各 35 克，绿豆 25 克。

【制法】

1. 黑豆浸泡约 10 小时。绿豆浸泡约 5 小时。小米洗净，泡 1 小时。
2. 全部原料放入豆浆机中，加水至上下水位线之间，按米糊键，至豆浆机提示米糊做好。
3. 米糊倒入碗内，即可饮用。

【小贴士】 根据喜好调味。

南瓜玉米糊

【原料】 粗玉米楂 60 克，南瓜 200 克。

【制法】

1. 玉米楂浸泡约 5 小时。南瓜去皮去瓤，切成小块。
2. 原料放入豆浆机中，加水至上下水位线之间，按米糊键，至豆浆机提示米糊做好。
3. 米糊倒入碗内，即可饮用。

【小贴士】 根据个人喜好可以加入白糖、蜂蜜、桂花酱等食用。

彩豆大米糊

【原料】大米 50 克，绿黄豆、绿小豆、红小豆、黑花生各 15 克。

【制法】

1. 花生、绿黄豆浸泡 10 小时。红小豆、绿小豆、大米浸泡 3 ~ 5 小时。
2. 原料放入豆浆机中，加水至上下水位线之间，按米糊键，至豆浆机提示米糊做好。
3. 米糊倒入碗内，即可饮用。

【小贴士】 根据个人喜好可以加入白糖、蜂蜜等食用。

蓝莓大米糊

【原料】 大米 50 克，鲜蓝莓 125 克，冰糖 25 克。

【制法】

1. 大米浸泡 2 小时。蓝莓洗净。
2. 原料放豆浆机中，加水至上下水位线之间，按米糊键，至豆浆机提示米糊做好。
3. 米糊倒入碗内，即可食用。

【小贴士】 蓝莓要快速漂洗，不要浸泡，以防止花青素流失。

芝麻大米糊

【原料】 大米 50 克，熟芝麻仁 20 克，冰糖 25 克。

【制法】

1. 大米浸泡 2 小时。
2. 原料放豆浆机中，加水至上下水位线之间，按米糊键，至豆浆机提示米糊做好。
3. 米糊倒入碗内，即可食用。

【小贴士】 不喜食甜的可以不加糖。

荔枝大米糊

【原料】 大米 50 克，鲜荔枝 125 克。

【制法】

1. 大米浸泡 2 小时。荔枝去皮、去核。
2. 原料放豆浆机中，加水至上下水位线之间，按米糊键，至豆浆机提示米糊做好。
3. 米糊倒入碗内，即可食用。

【小贴士】 荔枝一定要新鲜，打糊之前再去皮去核，以防止污染。

木瓜大米糊

【原料】 大米 50 克，净木瓜 125 克。

【制法】

1. 大米浸泡 2 小时。木瓜切成块。
2. 原料放豆浆机中，加水至上下水位线之间，按米糊键，至豆浆机提示米糊做好。
3. 米糊倒入碗内即可食用。

【小贴士】 可根据喜好加入糖或蜂蜜等。

香蕉大米糊

【原料】大米50克，香蕉100克，碎冰糖20克。

【制法】

1. 大米浸泡2～3小时。香蕉去皮，切小块。
2. 全部原料放入豆浆机中，加水至上下水位线之间，按米糊键，至豆浆机提示米糊做好。
3. 米糊倒入碗内，即可饮用。

【小贴士】香蕉一定要新鲜。

樱桃大米糊

【原料】大米50克，樱桃80克，碎冰糖25克。

【制法】

1. 大米浸泡2～3小时。樱桃洗净，去蒂、去核。
2. 全部原料放入豆浆机中，加水至上下水位线之间，按米糊键，至豆浆机提示米糊做好。
3. 米糊倒入碗内，即可饮用。

【小贴士】选料要新鲜。

西瓜糯米糊

【原料】糯米40克，西瓜150克，碎冰糖25克。

【制法】

1. 糯米浸泡8～10小时。西瓜切小块。
2. 全部原料放入豆浆机中，加水至上下水位线之间，按米糊键，至豆浆机提示米糊做好。
3. 米糊倒入碗内，即可饮用。

【小贴士】西瓜要去皮，不用去籽。

糯米豌豆糊

【原料】 糯米 50 克，豌豆 30 克。

【制法】

1. 糯米、豌豆浸泡 8 ~ 10 小时。
2. 原料放入豆浆机中，加水至上下水位线之间，按米糊键，至豆浆机提示米糊做好。
3. 米糊倒入碗内，即可饮用。

【小贴士】 米糊的稠稀可根据自己的喜好，但是不能过稠，否则豆浆机容易煳管。

葡萄薏米糊

【原料】 薏仁米 40 克，紫葡萄 125 克，碎冰糖 25 克。

【制法】

1. 薏仁米浸泡 10 ~ 12 小时。葡萄粒洗净。
2. 薏米、葡萄放豆浆机中，加水至上下水位线之间，按米糊键，至豆浆机提示米糊做好。
3. 米糊倒入碗内，加冰糖调化即可饮用。

【小贴士】 葡萄打成糊口感微酸，可加冰糖或其他甜味剂。

薏米绿豆糊

【原料】 薏仁米 50 克，绿豆 25 克。

【制法】

1. 薏仁米浸泡 10 ~ 12 小时。绿豆浸泡约 5 小时。
2. 原料放入豆浆机中，加水至上下水位线之间，按米糊键，至豆浆机提示米糊做好。
3. 米糊倒入碗内，即可饮用。

【小贴士】 泡好的米及绿豆要再清洗后放入豆浆机中打糊，夏季浸泡的时间可略减。

葡萄双米糊

【原料】细玉米、大米各 30 克，紫葡萄 125 克。

【制法】

1. 玉米、大米浸泡约 2 小时。葡萄粒洗净。
2. 原料放入豆浆机中，加水至上下水位线之间，按米糊键，至豆浆机提示米糊做好。
3. 米糊倒入碗内，即可饮用。

【小贴士】 葡萄要充分洗净。

南瓜小米糊

【原料】 小米 40 克，小南瓜 1 个约 200 克。

【制法】

1. 小米淘洗干净，浸泡约 1 小时。小南瓜去皮去瓤，切小块。
2. 原料放入豆浆机中，加水至上下水位线之间，按米糊键，至豆浆机提示米糊做好。
3. 米糊倒入碗内，即可饮用。

【小贴士】 米糊可根据喜好调味。

桃仁糯米糊

【原料】 糯米 50 克，熟核桃仁 30 克。

【制法】

1. 糯米浸泡 5 ～ 8 小时。
2. 原料放豆浆机中，加水至上下水位线之间，按米糊键，至豆浆机提示米糊做好。
3. 米糊倒入碗内即可食用。

【小贴士】 用熟核桃仁会更香醇。根据喜好加入白糖、蜂蜜等调味。

木瓜燕麦糊

【原料】 燕麦片 40 克，净木瓜 125 克。

【制法】

1. 燕麦片漂洗干净。木瓜切小块。
2. 原料放入豆浆机中，加水至上下水位线之间，按米糊键，至豆浆机提示米糊做好。
3. 米糊倒入碗内，即可饮用。

【小贴士】 米糊可加入蜂蜜、白糖、桂花酱等调味。

玫瑰薏米糊

【原料】 薏仁米 30 克，嫩玉米、花生各 20 克，干玫瑰花 15 克。

【制法】

1. 薏仁米、花生浸泡约 10 小时。玫瑰花洗净。
2. 全部原料放豆浆机中，加水至上下水位线之间，按米糊键，至豆浆机提示米糊做好。
3. 米糊倒入碗内即可饮用。

【小贴士】 也可以用鲜玫瑰花，要用淡盐水略泡一会儿。自行调味。

麦片薏米糊

【原料】 薏仁米 50 克，燕麦片 20 克，枸杞子 10 克。

【制法】

1. 薏仁米浸泡约 5 小时。燕麦片、枸杞子漂洗干净。
2. 全部原料放豆浆机中，加水至上下水位线之间，按米糊键，至豆浆机提示米糊做好。
3. 米糊倒入碗内，即可饮用。

【小贴士】 燕麦、枸杞子要在放入豆浆机前洗净。

南瓜糯米糊

【原料】糯米 50 克，南瓜 200 克，碎冰糖 25 克。

【制法】

1. 糯米浸泡 5 ~ 8 小时。南瓜去皮去瓤，切成小块。
2. 原料放豆浆机中，加水至上下水位线之间，按米糊键，至豆浆机提示米糊做好。
3. 米糊倒入碗内即可食用。

【小贴士】 米糊的稠稀度可因人而异，但不能过稠，否则豆浆机会煳管。

芝麻紫米糊

【原料】 紫米 75 克，黑芝麻 20 克。

【制法】

1. 紫米淘洗干净，加清水浸泡约 10 小时。黑芝麻淘洗干净。
2. 全部原料放入豆浆机中，加水至上下水位线之间，按米糊键，至豆浆机提示米糊做好。
3. 米糊滤去粗渣，倒入碗内，即可饮用。

【小贴士】 一定要选优质无杂质的米及芝麻，以防止影响口感。

红薯小米糊

【原料】 小米、红薯各 50 克，枸杞子、蜂蜜各 15 克。

【制法】

1. 小米浸泡 1 小时。红薯去皮，切成丁。枸杞子漂洗干净。
2. 小米、红薯、枸杞放豆浆机中，加水至上下水位线之间，按米糊键，至豆浆机提示米糊做好。
3. 米糊倒入碗内，加蜂蜜搅匀即可饮用。

【小贴士】 枸杞要用冷水漂洗。用热水烫，灰尘会粘在表面，不易去除。

黑豆杂米糊

【原料】 紫糯米、大米、玉米碴、小米、黑豆各25克。

【制法】

1. 黑豆、紫糯米、玉米碴浸泡约10小时。大米浸泡3小时。小米浸泡约1小时。
2. 全部原料放入豆浆机中，加水至上下水位线之间，按米糊键，至豆浆机提示米糊做好。
3. 米糊倒入碗内即可。

【小贴士】 玉米碴根据粗细掌握泡制的时间。食用时可滤出粗渣留作它用。

桃梨薏米糊

【原料】 薏仁米50克，鲜桃、茄梨各75克。

【制法】

1. 薏仁米浸泡10～12小时。鲜桃、茄梨洗净、去核，切小块。
2. 原料放入豆浆机中，加水至上下水位线之间，按米糊键，至豆浆机提示米糊做好。
3. 米糊倒入碗内，即可饮用。

【小贴士】 根据个人喜好加入蜂蜜、梅子酱等食用。

紫米芝麻糊

【原料】紫米35克，黑豆25克，黑芝麻、蜂蜜各15克。

【制法】

1. 紫米、黑豆浸泡10～12小时。黑芝麻漂洗干净。
2. 原料放豆浆机中，加水至上下水位线之间，按米糊键，至豆浆机提示米糊做好。
3. 米糊倒入碗内，加入蜂蜜调匀即可。

【小贴士】 可用保温杯浸泡，以节省时间。

苦瓜玉米糊

【原料】 嫩玉米、苦瓜各50克，白糖20克。

【制法】

1. 玉米浸泡1小时。苦瓜洗净去瓤，切成丁。
2. 全部原料放豆浆机中，加水至上下水位线之间，按米糊键，至豆浆机提示米糊做好。
3. 米糊倒入碗内，加白糖搅匀即可饮用。

【小贴士】 苦瓜要选颜色翠绿、肉质厚实的。

红豆二米糊

【原料】 红小豆、糙米、薏仁米各30克。

【制法】

1. 红小豆、薏仁米、糙米淘洗干净，加清水浸泡约5小时。
2. 全部原料放入豆浆机中，加水至上下水位线之间，按米糊键，至豆浆机提示米糊做好。
3. 米糊倒入碗内即可。

【小贴士】 薏米性凉，脾虚者可把薏仁米炒一下再用。根据喜好加入咸味或甜味。

苹果大米糊

【原料】 大米40克，苹果60克，冰糖20克。

【制法】

1. 大米浸泡约3小时。苹果切成小块。
2. 全部原料放豆浆机中，加水至上下水位线之间，按米糊键，至豆浆机提示米糊做好。
3. 米糊倒入碗内即可饮用。

【小贴士】 苹果用精盐搓洗后连皮一起打入米糊中，营养会更好。

花生麦片糊

【原料】燕麦片、玉米片、花生各30克，西瓜汁150克。

【制法】

1. 花生浸泡约3小时。燕麦片、玉米片漂洗干净。
2. 全部原料放豆浆机中，加水至上下水位线之间，按米糊键，至豆浆机提示米糊做好。
3. 米糊倒入碗内即可饮用。

【小贴士】 可以全部用西瓜汁。

麦仁蔬菜糊

【原料】 薏仁米50克，净冬瓜75克，鲜姜10克，老鸭汤150克。

【制法】

1. 薏仁米浸泡3 ~ 4小时。冬瓜切小块。
2. 全部原料放豆浆机中，加水至上下水位线之间，按米糊键，至豆浆机提示米糊做好。
3. 米糊倒入碗内即可饮用。

【小贴士】 嫩冬瓜可以连皮一起打成糊。此米糊可养胃生津，清热降火，补虚滋养。

甘蓝大米糊

【原料】 大米60克，紫甘蓝75克，虾皮20克，蜂蜜15克。

【制法】

1. 大米浸泡约3小时。紫甘蓝、虾皮均洗净，甘蓝切小块。
2. 原料放豆浆机中，加水至上下水位线之间，按米糊键，至豆浆机提示米糊做好。
3. 米糊倒入碗内，加蜂蜜调匀即可饮用。

【小贴士】 甘蓝要切小块。可加鸡汤或骨头汤，那样营养和口味会更好。

双仁糯米糊

【原料】糯米60克，核桃仁25克，松子仁15克。

【制法】

1. 糯米浸泡3～5小时。核桃仁、松子仁漂洗干净。
2. 全部原料放豆浆机中，加水至上下水位线之间，按米糊键，至豆浆机提示米糊做好。
3. 米糊倒入碗内即可。

【小贴士】 核桃仁、松子仁可以炒熟后再用，香味浓郁。

海带糙米糊

【原料】 糙米、海带各50克，小米20克，蜂蜜15克。

【制法】

1. 糙米浸泡约1小时。小米浸泡约1小时。海带洗净切碎。
2. 糙米、小米、海带放豆浆机中，加水至上下水位线之间，按米糊键，至豆浆机提示米糊做好。
3. 米糊倒入碗内，加入蜂蜜调匀即可。

【小贴士】 海带要充分洗净，否则影响口味。

牛奶紫米糊

【原料】紫米75克，牛奶150克，白糖20克。

【制法】

1. 紫米浸泡约5小时。
2. 紫米、牛奶放豆浆机中，加水至上下水位线之间，按米糊键，至豆浆机提示米糊做好。
3. 米糊倒入碗内，加入白糖调匀即可。

【小贴士】 最好加熟牛奶。

麦片香蕉糊

【原料】 燕麦片 30 克，香蕉 60 克，小米 20 克，蜂蜜 15 克。

【制法】

1. 小米浸泡 1 小时。燕麦片漂净。香蕉去皮切小块。
2. 小米、麦片、香蕉放豆浆机中，加水至上下水位线之间，按米糊键，至豆浆机提示米糊做好。
3. 米糊倒入碗内，加入蜂蜜调匀即可。

【小贴士】 香蕉要新鲜，打米糊之前再切块。

乌梅玉米糊

【原料】 熟嫩玉米 50 克，乌梅 10 颗，腰果 20 克，黑芝麻 15 克。

【制法】

1. 乌梅洗净，去核。黑芝麻漂洗干净。
2. 原料放豆浆机中，加水至上下水位线之间，按米糊键，至豆浆机提示米糊做好。
3. 米糊倒入碗内，即可饮用。

【小贴士】 嫩玉米生熟均可打糊，要比干玉米清香。

菠菜香米糊

【原料】 香米、菠菜各 50 克，葱 15 克，精盐、鸡粉各 1 克。

【制法】

1. 香米浸泡约 3 小时。菠菜洗净切小段。葱切段。
2. 原料放豆浆机中，加水至上下水位线之间，按米糊键，至豆浆机提示米糊做好。
3. 米糊倒入碗内，即可食用。

【小贴士】 菠菜用量大时要焯烫去除草酸，用量较少时可以不用焯烫，不会对身体有害。

葱香玉米糊

【原料】嫩玉米50克，燕麦片20克，洋葱30克，黄油15克，绿葱花10克。

【制法】

1. 嫩玉米、燕麦片洗净。洋葱切成小块。
2. 玉米、燕麦、洋葱、黄油放豆浆机中，加水至上下水位线之间，按米糊键，至豆浆机提示米糊做好。
3. 米糊倒入碗内，撒上绿葱花即可。

【小贴士】可以用玉米楂泡透后打糊。

香瓜紫米糊

【原料】紫米40克，香瓜100克，鲜桃75克。

【制法】

1. 紫米浸泡10～12小时。香瓜、鲜桃洗净，鲜桃去核，分别切小块。
2. 原料放豆浆机中，加水至上下水位线之间，按米糊键，至豆浆机提示米糊做好。
3. 米糊倒入碗内，即可食用。

【小贴士】洗水果时加一点精盐浸泡一会儿，可以去污杀菌。

茄梨大米糊

【原料】大米50克，茄梨150克，冰糖25克。

【制法】

1. 大米浸泡2小时。茄梨去皮、去核，切成小块。
2. 原料放豆浆机中，加水至上下水位线之间，按米糊键，至豆浆机提示米糊做好。
3. 米糊倒入碗内，加入冰糖调化即可。

【小贴士】茄梨用精盐搓洗后可连皮一起打糊。

鲜桃大米糊

【原料】 大米 50 克，鲜桃 150 克。

【制法】

1. 大米浸泡 2 小时。鲜桃去皮、去核，切小块。
2. 原料放豆浆机中，加水至上下水位线之间，按米糊键，至豆浆机提示米糊做好。
3. 米糊倒入碗内即可。

【小贴士】 可根据喜好加入蜂蜜、白糖等。

红豆薏米糊

【原料】 薏仁米、红小豆各 40 克。

【制法】

1. 薏仁米、红小豆浸泡 6 ~ 8 小时。
2. 原料放豆浆机中，加水至上下水位线之间，按米糊键，至豆浆机提示米糊做好。
3. 米糊倒入碗内，即可食用。

【小贴士】 根据喜好及体质加入蜂蜜、红糖等。

黄瓜双米糊

【原料】大米、小米各40克，黄瓜125克，瓜子仁20克。

【制法】

1. 大米浸泡 2 小时。小米浸泡 1 小时。黄瓜洗净切成小块。
2. 原料放豆浆机中，加水至上下水位线之间，按米糊键，至豆浆机提示米糊做好。
3. 米糊倒入碗内，即可食用。

【小贴士】 黄瓜要新鲜，要洗净。

木瓜糯米糊

【原料】 木瓜肉 50 克，糯米 50 克，熟核桃仁 30 克。

【制法】

1. 糯米浸泡 5 ~ 8 小时。木瓜、熟核桃仁治成小块。
2. 原料放豆浆机中，加水至上下水位线之间，按米糊键，至豆浆机提示米糊做好。
3. 米糊倒入碗内即可食用。

【小贴士】 用熟核桃仁会更香醇。根据喜好可加入白糖、蜂蜜等调味。

绿豆双米糊

【原料】 大米、玉米、绿黄豆各 30 克。

【制法】

1. 绿黄豆、玉米浸泡约 8 小时。大米浸泡 2 小时。
2. 原料放豆浆机中，加水至上下水位线之间，按米糊键，至豆浆机提示米糊做好。
3. 米糊倒入碗内，即可食用。

【小贴士】 可根据喜好调味。

桃仁双米糊

【原料】高粱米 40 克，小米、核桃仁各 25 克。

【制法】

1. 高粱米浸泡 3 小时。小米浸泡 1 小时。
2. 原料放豆浆机中，加水至上下水位线之间，按米糊键，至豆浆机提示米糊做好。
3. 米糊倒入碗内，即可食用。

【小贴士】 可根据喜好调味。

莲枣糯米糊

【原料】 糯米 60 克，莲子、红枣各 20 克。

【制法】

1. 糯米、莲子浸泡 8 ～ 10 小时。红枣洗净，去核。
2. 原料放豆浆机中，加水至上下水位线之间，按米糊键，至豆浆机提示米糊做好。
3. 米糊倒入碗内，即可食用。

【小贴士】 通常原料要在前一天晚上浸泡。第二天早起打糊。时间来不及要用热水浸泡。

茄梨红豆米糊

【原料】 大米 40 克，红小豆 30 克，茄梨 125 克。

【制法】

1. 红小豆浸泡约 5 小时。大米浸泡 3 小时。茄梨洗净，去核，切成小块。
2. 原料放豆浆机中，加水至上下水位线之间，按米糊键，至豆浆机提示米糊做好。
3. 米糊倒入碗内即可。

【小贴士】 水果皮可以一起用，但要用精盐搓洗干净。

南瓜薏仁米糊

【原料】 薏仁米 50 克，南瓜 200 克。

【制法】

1. 薏仁米浸泡 8 ～ 10 小时。南瓜去皮去瓤，切成小块。
2. 原料放豆浆机中，加水至上下水位线之间，按米糊键，至豆浆机提示米糊做好。
3. 米糊倒入碗内即可。

【小贴士】可根据喜好及体质加入蜂蜜、冰糖、红糖等。

菠萝蜜大米糊

【原料】 大米 50 克，净菠萝蜜 150 克。

【制法】

1. 大米浸泡 8 ~ 10 小时。菠萝蜜切小块。
2. 原料放豆浆机中，加水至上下水位线之间，按米糊键，至豆浆机提示米糊做好。
3. 米糊倒入碗内即可。

【小贴士】 可根据喜好加入蜂蜜、冰糖等。

西红柿小米糊

【原料】 小米 50 克，黄西红柿 100 克，蜂蜜 20 克。

【制法】

1. 小米泡 1 小时。黄西红柿洗净，切成小块。
2. 小米、黄西红柿放豆浆机中，加水至上下水位线之间，按米糊键，至豆浆机提示米糊做好。
3. 米糊倒入碗内，加蜂蜜调匀即可。

【小贴士】 加入的西红柿品种可随意。

西红柿玉米糊

【原料】 细玉米、西红柿各 50 克，大米、白糖各 20 克。

【制法】

1. 细玉米、大米浸泡约 2 小时。西红柿治净切成小块。
2. 玉米、大米、西红柿放豆浆机中，加水至上下水位线之间，按米糊键，至豆浆机提示米糊做好。
3. 米糊倒入碗内，加入白糖调匀即可饮用。

【小贴士】 没有嫩玉米，可以直接用玉米楂。

香蕉高粱米糊

【原料】 高粱米 50 克，香蕉 100 克，牛奶 200 克。

【制法】

1. 高粱米浸泡约 3 小时。香蕉去皮，切成小块。
2. 原料放豆浆机中，加水至上下水位线之间，按米糊键，至豆浆机提示米糊做好。
3. 米糊倒入碗内即可食用。

【小贴士】 可以全部用牛奶，不加水。

木瓜高粱米糊

【原料】 高粱米 50 克，净木瓜 150 克。

【制法】

1. 高粱米淘洗干净，浸泡 4 ~ 5 小时。木瓜切小块。
2. 原料放豆浆机中，加水至上下水位线之间，按米糊键，至豆浆机提示米糊做好。
3. 米糊倒入碗内，即可饮用。

【小贴士】 米糊可根据喜好调味。

南瓜仁扁豆糊

【原料】 白扁豆 50 克，花生 25 克，熟南瓜仁 20 克。

【制法】

1. 白扁豆、花生浸泡约 10 小时。
2. 原料放豆浆机中，加水至上下水位线之间，按米糊键，至豆浆机提示米糊做好。
3. 米糊倒入碗内，即可饮用。

【小贴士】 扁豆、花生可以用暖瓶浸泡，以节省时间。

菠萝蜜麦片糊

【原料】 燕麦片 40 克，净菠萝蜜 125 克。

【制法】

1. 燕麦片漂洗干净。菠萝蜜切小块。
2. 原料放入豆浆机中，加水至上下水位线之间，按米糊键，至豆浆机提示米糊做好。
3. 米糊倒入碗内，即可饮用。

【小贴士】 米糊可根据喜好调味。

胡萝卜三米糊

【原料】 大米、小米各 30 克，玉米片 20 克，胡萝卜 75 克，香油 10 克。

【制法】

1. 大米浸泡 2 小时，小米浸泡 1 小时。玉米片洗净。胡萝卜洗净切小丁。
2. 全部原料放豆浆机中，加水至上下水位线之间，按米糊键，至豆浆机提示米糊做好。
3. 米糊倒入碗内即可饮用。

【小贴士】 加一点油可以使胡萝卜的营养充分释放。

胡萝卜紫米糊

【原料】 紫米、胡萝卜各 50 克，糯米 20 克。

【制法】

1. 紫米、糯米浸泡约 5 小时。胡萝卜洗净切成小块。
2. 紫米、糯米、胡萝卜放豆浆机中，加水至上下水位线之间，按米糊键，至豆浆机提示米糊做好。
3. 米糊倒入碗内，即可饮用。

【小贴士】 米糊的粗渣可以滤出，做成烙饼、馒头等美食。

葡萄干糯米糊

【原料】 糯米 60 克，红枣、葡萄干各 25 克。

【制法】

1. 糯米浸泡约 8 小时。红枣洗净去核，切成丁。葡萄干洗净。
2. 原料放豆浆机中，加水至上下水位线之间，按米糊键，至豆浆机提示米糊做好。
3. 米糊倒入碗内，即可饮用。

【小贴士】 葡萄干要用冷水或温水漂洗。

猕猴桃糯米糊

【原料】 糯米 60 克，山药片 25 克，猕猴桃 1 个。

【制法】

1. 糯米浸泡 2 ~ 3 小时。山药片掰碎。猕猴桃去皮，切小块。
2. 全部原料放豆浆机中，加水至上下水位线之间，按米糊键，至豆浆机提示米糊做好。
3. 米糊倒入碗内即可饮用。

【小贴士】 猕猴桃要充分熟透，否则味酸，口感不好。食用时可调入白糖或蜂蜜。

咸蛋黄大米糊

【原料】 大米 60 克，小米 20 克，熟咸鸭蛋黄 2 个。

【制法】

1. 大米浸泡约 3 小时。小米浸泡 1 小时。
2. 原料放豆浆机中，加水至上下水位线之间，按米糊键，至豆浆机提示米糊做好。
3. 米糊倒入碗内即可。

【小贴士】 根据喜好也可以加入咸鸭蛋清。

红枣玉米糊

【原料】 嫩玉米 50 克，红枣、红糖各 20 克，枸杞子 10 克。

【制法】

1. 红枣洗净，去核，切成丁。枸杞子洗净。
2. 玉米、红枣、枸杞子放入豆浆机中，加水至上下水位线之间，按米糊键，至豆浆机提示米糊做好。
3. 米糊倒入碗内，加入红糖调化即可。

【小贴士】 枸杞子含糖较高，不要用冷水漂洗。

枸杞大米糊

【原料】 大米 60 克，枸杞子 20 克，干菊花 10 克。

【制法】

1. 大米浸泡约 2 小时。枸杞子、菊花洗净。
2. 全部原料放豆浆机中，加水至上下水位线之间，按米糊键，至豆浆机提示米糊做好。
3. 米糊倒入碗内即可饮用。

【小贴士】 干菊花也可以洗净泡水，用菊花水打米糊。此米糊有利于清肝明目、提高视神经活力。

蔬菜大米糊

【原料】大米 60 克，西红柿 1 个，油菜 30 克，蜂蜜 20 克。

【制法】

1. 大米浸泡约 2 小时。西红柿、油菜切小块。
2. 大米、西红柿、油菜放豆浆机中，加水至上下水位线之间，按米糊键，至豆浆机提示米糊做好。
3. 米糊倒入碗内，加入蜂蜜调匀即可饮用。

【小贴士】 蔬菜一定要充分洗净。此米糊可润肤美容。

干果麦仁米糊

【原料】 小麦仁 60 克，榛子仁、核桃仁各 20 克。

【制法】

1. 小麦仁浸泡约 5 小时。核桃仁、榛子仁用刀面拍碎。
2. 原料放豆浆机中，加水至上下水位线之间，按米糊键，至豆浆机提示米糊做好。
3. 米糊倒入碗内即可。

【小贴士】 最好用熟干果，口味会更香浓。还可加入其他干果，如瓜子仁、腰果等。

猕猴桃玉米糊

【原料】 嫩熟玉米 60 克，猕猴桃 2 个，白糖 25 克。

【制法】

1. 猕猴桃去皮，切小块。
2. 原料放豆浆机中，加水至上下水位线之间，按米糊键，至豆浆机提示米糊做好。
3. 米糊倒入碗内，加白糖调匀，即可饮用。

【小贴士】 猕猴桃要充分熟透，否则味酸，口感不好。

十锦米糊

【原料】 紫米、糙米、玉米、糯米、小米、荞麦米、薏仁米、麦仁、莲子、芡实各 10 克。

【制法】

1. 全部米淘洗干净，浸泡约 3 小时。
2. 全部原料放入豆浆机中，加水至上下水位线之间，按米糊键，至豆浆机提示米糊做好。
3. 米糊倒入碗内即可。

【小贴士】 可根据体质自行配置其他的米类或豆类。此米糊对改善血液循环有益。

芝麻玉米芹菜糊

【原料】 嫩熟玉米 60 克，芹菜 75 克，熟黑芝麻 20 克。

【制法】

1. 芝麻、芹菜分别洗净，芹菜切丁。
2. 原料放豆浆机中，加水至上下水位线之间，按米糊键，至豆浆机提示米糊做好。
3. 米糊倒入碗内，即可饮用。

【小贴士】 没有嫩玉米可用干玉米或玉米楂，但要浸泡透。

荞麦小米鲜果糊

【原料】 荞麦仁 50 克，猕猴桃 2 个，小米 30 克。

【制法】

1. 荞麦仁浸泡 2 小时。小米浸泡 1 小时。猕猴桃去皮，切小块。
2. 原料放豆浆机中，加水至上下水位线之间，按米糊键，至豆浆机提示米糊做好。
3. 米糊倒入碗内，即可饮用。

【小贴士】 根据个人喜好调入糖类。

腰果花生糯米糊

【原料】 糯米 50 克，花生、腰果各 20 克，香蕉 100 克。

【制法】

1. 糯米、花生浸泡约 10 小时。香蕉去皮，切小块。
2. 原料放豆浆机中，加水至上下水位线之间，按米糊键，至豆浆机提示米糊做好。
3. 米糊倒入碗内，即可饮用。

【小贴士】 可用炒熟的花生、腰果，米糊的口味会更香。腰果、花生最好压碎。

麦片黑豆芹菜糊

【原料】 黑麦片、黑豆、芹菜各 50 克。

【制法】

1. 黑豆浸泡约 10 小时。芹菜洗净切成丁。麦片漂洗干净。
2. 原料放豆浆机中，加水至上下水位线之间，按米糊键，至豆浆机提示米糊做好。
3. 米糊倒入碗内，即可饮用。

【小贴士】 可根据喜好调味。

小米花生鲜果糊

【原料】 小米 50 克，花生 25 克，鲜桃 100 克。

【制法】

1. 花生浸泡 10 小时。小米浸泡 1 小时。鲜桃洗净去核切小块。
2. 原料放豆浆机中，加水至上下水位线之间，按米糊键，至豆浆机提示米糊做好。
3. 米糊倒入碗内，即可饮用。

【小贴士】 水果一定要新鲜。花生可以晚上浸泡，第二天早上用来打豆浆。

菠罗蜜高粱米糊

【原料】 高粱米 50 克，净菠罗蜜 125 克。

【制法】

1. 高粱米浸泡约 3 小时。菠罗蜜切成块。
2. 原料放豆浆机中，加水至上下水位线之间，按米糊键，至豆浆机提示米糊做好。
3. 米糊倒入碗内，即可食用。

【小贴士】 要选用新鲜菠罗蜜。

菠罗蜜绿豆米糊

【原料】 大米、绿豆各 30 克，菠罗蜜 100 克。

【制法】

1. 绿豆浸泡 5 小时。大米浸泡 2 小时。菠罗蜜去核。
2. 原料放豆浆机中，加水至上下水位线之间，按米糊键，至豆浆机提示米糊做好。
3. 米糊倒入碗内即可食用。

【小贴士】 可根据喜好加入糖或蜂蜜等。

芝麻腰果糯米糊

【原料】 糯米 40 克，白芝麻仁 15 克，腰果仁 30 克。

【制法】

1. 糯米浸泡 5 ～ 8 小时。
2. 原料放豆浆机中，加水至上下水位线之间，按米糊键，至豆浆机提示米糊做好。
3. 米糊倒入碗内即可食用。

【小贴士】 腰果最好用炸熟的，口味更香醇。

乌梅荞麦大米糊

【原料】 大米 50 克，荞麦 25 克，乌梅 8 颗。

【制法】

1. 大米、荞麦浸泡约 2 小时。乌梅洗净，去核。
2. 原料放豆浆机中，加水至上下水位线之间，按米糊键，至豆浆机提示米糊做好。
3. 米糊倒入碗内，即可饮用。

【小贴士】 可调成咸味或甜味。

木瓜玉米绿豆糊

【原料】 粗玉米楂子 40 克，绿黄豆 20 克，净木瓜 100 克。

【制法】

1. 玉米楂、绿黄豆浸泡约 10 小时。木瓜切小块。
2. 原料放豆浆机中，加水至上下水位线之间，按米糊键，至豆浆机提示米糊做好。
3. 米糊倒入碗内即可食用。

【小贴士】 可直接用嫩玉米及嫩绿黄豆。

绿豆花生大米糊

【原料】 绿豆、花生、大米各 30 克。

【制法】

1. 花生浸泡约 8 小时。绿豆浸泡 5 小时。大米浸泡 2 小时。
2. 原料放豆浆机中，加水至上下水位线之间，按米糊键，至豆浆机提示米糊做好。
3. 米糊倒入碗内，即可食用。

【小贴士】 可根据个人喜好调味。

黄瓜莲心玉米糊

【原料】嫩玉米、黄瓜各 50 克，麦片 20 克，莲心 5 克。

【制法】

1. 玉米粒、麦片、莲心洗净。黄瓜洗净，切小块。
2. 原料放豆浆机中，加水至上下水位线之间，按米糊键，至豆浆机提示米糊做好。
3. 米糊倒入碗内即成。

【小贴士】 黄瓜一定要新鲜。

西瓜红莲麦仁糊

【原料】麦仁60克，红莲子20克，西瓜125克。

【制法】

1. 麦仁、红莲子浸泡约8小时。西瓜去皮、去子，切小块。
2. 原料放豆浆机中，加水至上下水位线之间，按米糊键，至豆浆机提示米糊做好。
3. 米糊倒入碗内，即可饮用。

【小贴士】 也可直接用西瓜汁代替水。

胡萝卜薏仁糯米糊

【原料】糯米、薏仁米各30克，胡萝卜75克。

【制法】

1. 糯米、薏仁米浸泡约8 ~ 10小时。胡萝卜去皮洗净，切小块。
2. 原料放豆浆机中，加水至上下水位线之间，按米糊键，至豆浆机提示米糊做好。
3. 米糊倒入碗内，即可饮用。

【小贴士】 可用糖或盐调味。

紫蓝五仁薏米糊

【原料】薏仁米40克，紫甘蓝75克，大杏仁、瓜子仁、南瓜仁、核桃仁、腰果各15克。

【制法】

1. 薏仁米浸泡约8小时。紫甘蓝洗净切成小块。
2. 原料全部放豆浆机中，加水至上下水位线之间，按米糊键，至豆浆机提示米糊做好。
3. 米糊倒入碗内，即可饮用。

【小贴士】 夏季可减少米的泡制时间，以米无硬心为好。

三、豆腐渣制品类

豆浆贴饼

【原料】 玉米面300克，面粉、豆腐渣各100克，豆浆250克，食用碱3克。

【制法】

1. 玉米面、白面、豆腐渣、豆浆和成面团，常温静置发酵。
2. 食用碱用10克水调化，加入面团内揉匀。
3. 平锅刷油烧热，揪一块面团，用两个手掌心摔打成椭圆形，贴在锅底，煎至定型，加入水约300克，加盖，小火煎至底面金黄，鼓起熟透，铲出装盘即成。

【小贴士】 面团要和得稍软一点。

豌豆渣饼

【原料】 面粉125克，豌豆渣75克，青、红椒粒、葱末、油各20克，鸡蛋1个，精盐、鸡粉各1克。

【制法】

1. 面粉、豌豆渣、鸡蛋、精盐、鸡粉一起加入水调成面糊，加入青、红椒粒、葱末搅匀。
2. 锅加油，面糊倒入锅内，摊成大圆饼，烙至两面金黄熟透，出锅，切成小块装盘即成。

【小贴士】 豆渣糊倒入锅时不要过厚。

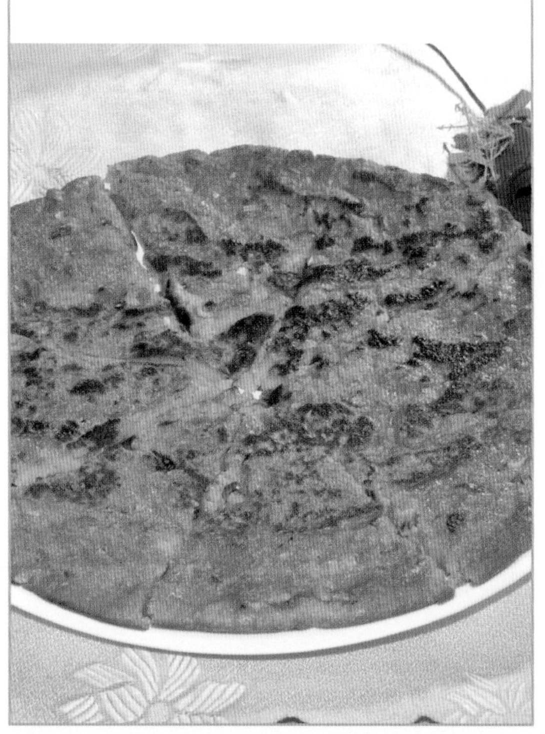

黄番茄豆渣饼

【原料】玉米面50克，面粉、豆腐渣、黄番茄各75克，香菜末、葱末、油各20克，鸡蛋1个，精盐、鸡粉、五香粉1克，泡打粉2克。

【制法】

1. 全部原料（不含油）加水调成面糊。
2. 平锅加油，面糊倒入锅内，摊成大圆饼，烙至两面金黄熟透，出锅，切成小块装盘即成。

【小贴士】豆腐渣不能加得过多，否则不容易成型。

蔬菜豆渣饼

【原料】豆腐渣150克，面粉、芹菜末、胡萝卜末各50克，鸡蛋1个，虾皮20克，精盐、鸡粉各2克，黄油20克，油30克。

【制法】

1. 豆腐渣加入全部调料（不含油）搅拌匀。
2. 平锅加油，用汤勺将豆渣面糊舀入锅内，轻轻按扁成饼，煎制两面金黄熟透，取出即成。

【小贴士】豆渣糊要稠稀适中。

豆腐渣煎饼

【原料】小米面150克，糯米面75克，豆腐渣50克，黄豆浆200克，鸡蛋1个，精盐、鸡粉各2克，泡打粉5克，油20克。

【制法】

1. 小米面、糯米面、豆腐渣、鸡蛋、泡打粉、精盐、鸡粉、豆浆搅成面糊。
2. 平锅烧热刷油，面糊舀入锅内，摊成一个个小饼，小火煎至两面金黄，铲出装盘即成。

【小贴士】面糊要充分调开，稠稀适度。可用豆浆也可用水调制。

紫玉米糊饼

【原料】紫玉米面200克，面粉100克，豆腐渣50克，鸡蛋1个，发酵粉5克，油20克。

【制法】

1. 紫玉米面、面粉、豆腐渣、鸡蛋液、发酵粉用水调成糊状。
2. 平锅烧热刷油，用手勺舀入面糊摊成饼，烙至熟透，铲出装盘即成。

【小贴士】面糊要稠稀适中。用小火烙制。

豆渣玉米饼

【原料】玉米面300克，面粉、豆腐渣各100克，豆浆300克，酵母、泡打粉各5克，白糖、油各25克。

【制法】

1. 玉米面、面粉、豆腐渣、酵母、泡打粉、白糖、豆浆搅成面糊，饧10分钟。
2. 平锅烧热刷油，面糊舀入锅内，摊成一个个小饼，盖上盖，小火煎至底面金黄熟透，铲出装盘即成。

【小贴士】面糊要略稠一些。油不要刷得过多。

豆浆合面饼

【原料】白面、高粱米面、糯米面、荞麦面各100克，豆腐渣50克，黑豆浆350克，鸡蛋1个，黑芝麻15克，精盐3克，泡打粉5克，油20克。

【制法】

1. 白面、高粱米面、糯米面、荞麦面、黑芝麻、豆腐渣放在一起，打入鸡蛋，加豆浆、水、精盐、泡打粉搅成糊状。
2. 平锅烧热刷油，用勺舀入面糊，摊成一个个小饼，小火煎至两面金黄熟透，铲出装盘即成。

【小贴士】面糊要充分调开，不能有面疙瘩，不能太稠。

豆渣南瓜饼

【原料】 糯米面400克，净南瓜，豆腐渣各200克，猪肉末150克，葱末25克，姜末、蚝油各15克，精盐、鸡粉各2克，猪油、香油各15克，豆油50克。

【制法】

1. 南瓜放蒸锅蒸熟取出，压成泥，放入糯米面内，加入猪油、豆腐渣揉成面团。
2. 锅加油20克，下入猪肉末、葱、姜末、精盐、鸡粉、香油、蚝油、香菜末炒熟出锅。
3. 面团搓成条，揪成剂子，按扁，包入馅，收口成南瓜饼。摆入刷油平锅内，小火煎熟即成。

【小贴士】 蒸南瓜时要罩上保鲜膜，以防止吸入过多蒸汽水。

蒸豆渣米饼

【原料】 大米面400克，豆腐渣100克，白糖50克，食用碱3克。

【制法】

1. 大米面加豆腐渣、水和成面团，加盖，放在高温处静置发酵。
2. 发好的面团加食用碱、白糖揉匀，略饧，揪成小剂子，擀成圆形饼。
3. 摆在蒸锅内屉上，蒸约10分钟至熟，取出即成。

【小贴士】 用喝剩下的酸豆浆和面发酵更快，营养更好。蒸制时蒸帘要刷油或铺上湿布。

豆浆玉米蛋饼

【原料】 玉米面300克，面粉100克，鸡蛋2个，豆浆350克，白糖25克，泡打粉10克，油30克。

【制法】

1. 玉米面、面粉、白糖、泡打粉、鸡蛋加豆浆搅成略稠的面糊，饧10分钟。
2. 平锅烧热加油，依次倒入适量面糊摊成圆饼，加盖，小火煎至两面金黄熟透，铲入盘内即成。

【小贴士】 面糊要略稠一些。煎制时要用小火。

豆香玉米饼子

【原料】 玉米面 400 克，酵面团（白面的）、豆腐渣各 100 克，豆浆 200 克，白糖 20 克，油 30 克，食用碱 3 克。

【制法】

1. 玉米面、豆渣、豆浆、酵面、白糖和匀，静置发酵。食用碱用 10 克水调化，放面内揉匀。
2. 平锅烧热刷油，将面倒入锅内摊开，加盖略煎至定型，加水约 300 克，加盖，小火煎至底面金黄，鼓起熟透，用刀切成块，铲出装盘即成。

【小贴士】 豆腐渣不能加得太多，否则面发散。和好的面要成稠糊状。

黑豆浆紫米饼

【原料】 紫米面、白面、小米面各 150 克，熟黑豆浆 350 克，豆腐渣 50 克，白糖、油各 25 克，酵母、泡打粉各 5 克。

【制法】

1. 紫米面、白面、小米面、泡打粉及豆浆、豆腐渣、水搅成糊状，加酵母、白糖搅匀。
2. 平锅刷油，用勺舀入面糊，摊成一个个小饼，小火煎至两面微黄，熟透，装盘即成。

【小贴士】 面糊不能调得太稠，用手勺舀起能流成一条线即可。

红豆渣韭菜饼

【原料】 面粉 125 克，红豆渣 75 克，猪肉末、韭菜各 50 克，鸡蛋 1 个，精盐、鸡粉各 1 克，黄油 20 克，油 30 克。

【制法】

1. 韭菜切成末。面粉、红豆渣、鸡蛋、精盐、鸡粉、肉末、黄油放在一起加入水调成面糊，加入韭菜末搅匀。
2. 平锅刷油，面糊分别用手勺舀入锅内，摊成小饼，烙至两面金黄，熟透出锅即成。

【小贴士】 面糊要略稠一点。韭菜末要后放。肉末可以提前炒熟。

豆渣馒头

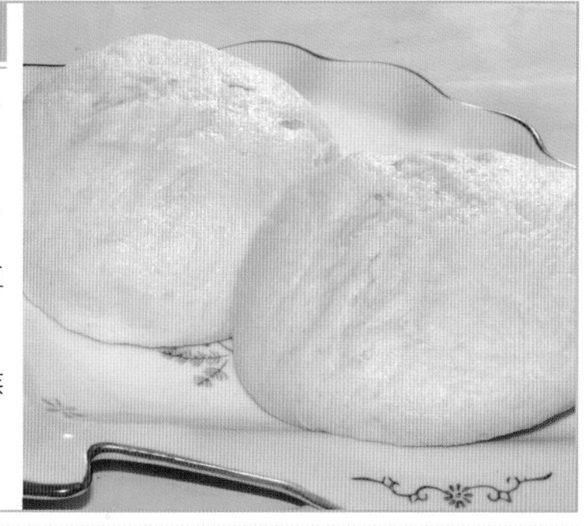

【原料】 面粉 400 克，酵面、豆腐渣各 100 克，食用碱 3 克。

【制法】

1. 酵面用少量水调开，倒入面粉内和匀成面团，静置发酵。
2. 食用碱用 10 克水调化揉入面团内，加入豆腐渣揉匀。
3. 面团搓成粗条，揪成剂子，抟成馒头生坯，摆在蒸帘上，饧约 10 分钟，放入沸水锅蒸约 20 分钟，取出即成。

【小贴士】 和面也可以直接用豆浆代替水，用喝剩下的酸豆浆和面效果会更好。

红豆腐渣馒头

【原料】 面粉 400 克，红豆腐渣 100 克，白糖 25 克，酵母 6 克。

【制法】

1. 面粉加豆腐渣、白糖、酵母和匀成面团，饧至发酵。
2. 面团搓成粗条，揪成剂子。取一剂子充分揉搓成圆形馒头坯，摆入笼屉，依次制好，放入蒸锅内，用大火蒸至开花熟透，出锅即成。

【小贴士】 和好的面团要用湿洁布盖严，置温暖处发酵至内部组织成蜂窝状即可。

豆渣麦香馒头

【原料】 全麦面粉 400 克，酵面、豆腐渣各 100 克，食用碱、小苏打各 2 克。

【制法】

1. 酵面用温水 200 克澥开，再加入全麦面粉、豆腐渣和匀成面团，饧至发酵。
2. 食用碱、小苏打用温水 10 克溶化，揉入发酵的面团内揉透，略饧。
3. 平锅刷油，面团摊在锅内，用抹油的刀划成块，煎至底面定型，加水约 300 克，盖盖，煎至底面金黄熟透，出锅即成。

【小贴士】 面团要和得稍软一点，用大火蒸。可以用豆浆代替水和面。

豆渣花卷

【原料】 面粉400克，酵面、豆腐渣各100克，酸豆浆225克，食用碱3克，葱油35克。

【制法】

1. 酵面、面粉、豆腐渣加酸豆浆和匀成面团，加盖静置发酵。加入食用碱揉匀，略饧。
2. 面团擀成大薄片，刷上葱油，对叠三层，切成条，每两三条拢在一起，将两头向下卷，两端面头捏在一起，成花卷，摆在蒸锅内，蒸约12分钟，取出即成。

【小贴士】 花卷的形状可随意。

豆浆红豆米糕

【原料】 大米300克，红小豆100克，豆浆300克，豆腐渣、白糖各50克，猪油25克，泡打粉5克，精盐1克。

【制法】

1. 大米淘洗干净，泡透。红小豆洗净，下入水锅中烧开，煮制软烂捞出。
2. 大米放入豆浆机，加入适量豆浆打成米糊，倒入容器内，加入白糖、精盐、泡打粉、红小豆、豆腐渣、猪油及余下豆浆调匀，放置半小时，倒入抹油的模具内。
3. 放入蒸箱蒸15分钟取出，去掉模具即成。

【小贴士】 红小豆要煮软烂，但不能散碎。米糊要稠稀适中。倒入模具时八成满即可。

麻香豆渣大米糕

【原料】大米面200克，白扁豆豆腐渣100克，糯米面、红枣各50克，熟白芝麻仁、枸杞子、白糖、猪油各25克，泡打粉10克。

【制法】

1. 大米面、糯米面、豆腐渣、白糖、泡打粉、猪油及温水调成糊状，饧10分钟。红枣去核切丁，放在面糊内搅匀。
2. 方盘内抹上油，撒上枸杞子，倒入大米糊，再撒上芝麻仁，摆屉上放入蒸锅内，沸水蒸约20分钟，至熟取出，切成菱形块，装盘即成。

【小贴士】 枸杞子要用冷水漂洗干净。芝麻仁要去净杂质。

红枣豆渣玉米糕

【原料】 细玉米面 200 克，黄豆豆腐渣、豆浆各 100 克，红枣 60 克，熟松子仁、白糖各 25 克，泡打粉 10 克，色拉油 20 克。

【制法】

1. 红枣去核，切丁。玉米面、豆腐渣、白糖、泡打粉用豆浆及温水调成糊状，加入一半红枣丁、松子仁及色拉油搅匀，饧 10 分钟。
2. 方盘内抹上油，倒入面糊，撒上余下红枣丁、松子仁，放入沸水蒸锅内屉上，蒸约 20 分钟，至熟取出，切成块装盘即成。

【小贴士】 面糊要略稠一些。根据体质可加入红糖或蜂蜜。

葡萄干豆渣玉米糕

【原料】 细玉米面 200 克，黄豆豆腐渣、豆浆各 100 克，葡萄干 50 克，白糖、枸杞子、黄油各 25 克，泡打粉 10 克。

【制法】

1. 玉米面、豆渣、白糖、泡打粉用豆浆及温水调成糊状，加入黄油搅匀，饧 10 分钟。
2. 方盘内抹上油，倒入面糊，撒上葡萄干、枸杞子，放入沸水蒸锅内屉上，蒸约 20 分钟，至熟取出，切成菱形块，装盘即成。

【小贴士】 面糊要略稠一些。加糖量可因人而异。

豆腐渣泡饭

【原料】 米饭 150 克，豆腐渣 75 克，芹菜、香菇各 50 克，海米、油各 20 克，葱、姜末各 10 克，精盐、鸡粉各 3 克，胡椒粉 1 克。

【制法】

1. 将芹菜、香菇洗净切成粒。锅加油烧热，放入海米、姜末、葱末、肉馅炒熟。
2. 加入沸水冲烫，下入芹菜、香菇、精盐、鸡粉、米饭烧开，下入豆腐渣，用小火煮约 5 分钟，加胡椒粉调匀，装碗即成。

【小贴士】 海米要先漂洗干净再炒。如用骨头汤代替水，口味及营养都会更好。

炒豆腐渣盖饭

【原料】热大米饭200克，豆腐渣150克，羊肉50克，芹菜、胡萝卜各35克，汤、黄豆酱各25克，精盐、味精各1克，白糖5克，料酒、葱花、姜末、蒜末各10克，油20克。

【制法】

1. 芹菜、胡萝卜、羊肉分别治净切成粒状。
2. 锅加油，下入羊肉丁略炒，加入料酒、葱、姜、蒜末、黄豆酱炒香，下入胡萝卜、汤炒开，加入豆腐渣、芹菜、精盐、白糖炒透，加味精关火。
3. 熟米饭盛入碗内，扣在盘中，浇上豆腐渣即成。

【小贴士】 豆腐渣是熟的，炒制时入味即可，炒的时间不用过长。

什锦豆渣炒饭

【原料】 大米饭200克，豆腐渣100克，猪肉50克，泡木耳、胡萝卜、芹菜各30克，干辣椒、葱花、蒜米、酱油各15克，油20克。

【制法】

1. 木耳、胡萝卜、芹菜、干辣椒、猪肉分别治净切成小粒状。
2. 锅加油，下入猪肉粒煸炒，加入酱油炒上色，下入干辣椒、葱花、蒜米炒香，下入胡萝卜、木耳、芹菜炒熟，下入豆腐渣炒透。
3. 下入米饭、精盐炒匀，加味精，装盘即成。

【小贴士】 如果是较硬的剩米饭，可以加一点水或汤炒透。

豆渣炒高粱米饭

【原料】 高粱米饭200克，黑豆腐渣100克，猪肉末、韭菜末、红椒粒各35克，蚝油15克，葱花、蒜末各10克， 精盐、鸡粉各2克，味精1克，油20克。

【制法】

1. 锅加油，下入猪肉末炒熟，下入葱花、蒜末、红椒粒炒香。
2. 下入豆腐渣，加蚝油炒透，加精盐、鸡粉，下入高粱米饭、韭菜末炒透，加入味精，装盘即成。

【小贴士】 肉末、豆腐渣要用小火充分炒透。

紫菜豆渣包饭

【原料】 熟紫米饭 200 克，豆腐渣 150 克，紫菜 2 张，榨菜 50 克，酸泡菜、泡辣椒各 25 克，葱、姜、蒜末各 10 克，精盐、鸡粉、味精各 1 克，香油 20 克。

【制法】

1. 榨菜泡去咸味，同泡菜、泡辣椒分别切碎。
2. 锅加香油，下入葱姜蒜末、泡菜、泡辣椒炒香，下入榨菜、豆腐渣、精盐、鸡粉炒透，加入味精，出锅。
3. 卷帘放案板上，铺上紫菜，放上热饭及炒好的豆腐渣，卷成卷，切成段，装盘即成。

【小贴士】 榨菜不要过早下锅，以保持脆嫩的口感。

黑豆渣大米粥

【原料】 大米饭 150 克，黑豆豆腐渣 100 克，精盐 2 克，葱末 15 克，鸡汤 600 克。

【制法】

1. 大米饭下入鸡汤锅内烧开，熬至软烂。
2. 下入豆腐渣、精盐搅匀，熬开，出锅装碗，撒上葱末即成。

【小贴士】 各种豆类的豆腐渣均可。

豆渣糯米饭团

【原料】 糯米饭 200 克，豆腐渣 150 克，猪肉末、韭菜各 50 克，鲜红椒 30 克，小虾皮、蚝油、蒜末、姜末各 15 克，精盐、鸡粉各 1.5 克，味精 1 克，香油 20 克。

【制法】

1. 韭菜洗净切成末。鲜红椒洗净切成粒。
2. 锅加香油，放虾皮略炒，下猪肉末、蒜末、姜末炒熟，下红椒粒、豆腐渣、蚝油、精盐、鸡粉炒匀，下入韭菜炒熟，加味精，出锅。
3. 手掌心抹油，取适量热米饭，按扁，放入适量炒好的豆腐渣包成饭团，摆盘即成。

【小贴士】 要用新做的糯米饭，凉饭口感不佳。

豆腐渣菜团子

【原料】 玉米面 100 克，豆腐渣 60 克，猪肉粒、菠菜各 100 克，姜末、酱油、香油各 15 克，油 20 克，葱末 25 克。

【制法】

1. 玉米面放入容器内，加热水烫搅，加入豆腐渣一起揉成面团。菠菜焯烫后投凉，切碎。
2. 锅加油，下入猪肉粒炒出油，微焦，下入 15 克葱末及姜末、酱油炒匀，离火。菠菜挤去水，放入容器内，加葱末、肉末、香油拌匀。
3. 面团揪成剂子，充分揉捏去除面中的空气，抟成圆球在手心旋转成凹兜状，装入馅料，接着旋转一点点收拢口，成团子，摆屉放入沸水锅蒸 15 分钟即可。

【小贴士】 面团要软硬适中。包馅的面皮要薄厚均匀。豆渣的量不能过大。

肉丁豆腐渣团子

【原料】面粉 150 克，黑豆豆腐渣 120 克，糯米面 50 克，猪肉丁 200 克，韭菜末 50 克，绍酒、葱姜汁各 25 克，姜末、酱油、香油各 15 克。

【制法】

1. 糯米面用热水略烫，加入面粉、黑豆腐渣一起揉成面团。
2. 猪肉丁加全部调料搅拌匀，加入韭菜末拌匀成馅。
3. 面团揪成剂子，按扁，包入馅料，收拢口，成团子，放屉上入沸水锅蒸约 18 分钟即可。

【小贴士】 面团要软硬适中。

炸豆渣丸子

【原料】 黄豆豆腐渣 150 克，面粉、芹菜各 50 克，鸡蛋 1 个，葱、姜末各 15 克，精盐、鸡粉各 2 克，五香粉 1 克，香油 10 克，油 500 克。

【制法】

1. 芹菜治净切碎，放入豆腐渣内，加入全部原料（不含油）搅匀。
2. 豆渣馅挤成丸子，下入五成热油锅，炸至金黄熟透捞出，装盘即成。

【小贴士】 要用小火慢炸。

绿豆渣蔬菜丸子

【原料】 绿豆渣150克，面粉、胡萝卜末各50克，香菜末25克，鸡蛋1个，辣酱20克，葱、姜末各15克，精盐1克，鸡粉2克，油500克。

【制法】

1. 绿豆渣加入面粉及全部原料（不含油）搅拌匀。
2. 豆渣挤成丸子，下入五成热油锅，炸至金黄熟透，捞出装盘即成。

【小贴士】 要用小火慢炸。

酥皮豆渣丸子

【原料】 黄豆豆腐渣150克，面包糠75克，面粉、熟嫩紫玉米粒各50克，鸡蛋1个，葱、姜末各15克，精盐、鸡粉各2克，五香粉1克，香油10克，油500克。

【制法】

1. 嫩紫玉米粒放入豆腐渣内，加入全部原料（不含油、面包糠）搅匀。
2. 豆渣馅挤成丸子，放在面包糠上滚匀，下入五成热油锅，炸至金黄熟透捞出，装盘即成。

【小贴士】 豆腐渣内加一些嫩玉米或切碎的荸荠、笋丁等可以增加层次感。

酸辣豆腐渣

【原料】 黄豆豆腐渣200克，酸泡菜、泡辣椒各50克，葱、姜、蒜末各15克，精盐、鸡粉各2克，油20克。

【制法】

1. 泡菜、泡辣椒切碎。
2. 锅加油，放葱、姜、蒜末、酸泡菜、泡辣椒炒香，下豆腐渣、精盐、鸡粉炒透，装盘即成。

【小贴士】 豆腐渣要用小火炒，以防止炒煳。

肉末炒豆腐渣

【原料】 黄豆豆腐渣 300 克，猪肉末 60 克，葱末 25 克，蒜末 10 克，精盐、鸡粉各 2 克，油 20 克。

【制法】

锅加油、放肉末炒熟，放入葱、蒜末炒香，下豆腐渣、精盐、鸡粉炒透，装盘即成。

【小贴士】 肉末用小火炒。可以按个人喜好加入配菜。

韭香黑豆腐渣

【原料】 黑豆豆腐渣 200 克，猪肉末、韭菜各 50 克，鲜红椒 25 克，姜、蒜末各 10 克，精盐、鸡粉各 2 克，油 20 克。

【制法】

1. 韭菜洗净切小段。红椒洗净切碎丁。
2. 锅加油，放姜、蒜末、猪肉末炒熟，下入红椒丁、豆腐渣、精盐、鸡粉炒透，下入韭菜炒熟，装盘即成。

【小贴士】 豆腐渣用小火炒透后再下韭菜炒熟即可。